SPORTS PARKS

运动公园

（加）吉姆·巴纳姆 / 编　潘潇潇 / 译

SPORTS PARKS

运动公园

广西师范大学出版社
·桂林·

images
Publishing

目 录

前　言

吉姆·巴纳姆

随着世界人口不断地从乡村涌入城市，运动公园及与其相关的景观设计也变得越来越重要。一些经过科学研究验证的常识和个人经验告诉我们，在自然环境内运动和娱乐并不是多余且没有任何实际作用的放纵行为，而是对改善人类健康有着至关重要作用的行为。一个人的心理、生理和精神健康水平决定了其能否参与基本的社会活动，能否在自然环境中幸存下来，这一点已经为人们所接受。设计和修设可以改善健康、提升幸福度的空间，进而充分发挥出人们的潜力，是一种提高人文体验的强有力的方式。

整体观点揭示出人文体验全面发展的三个关键方面的重要性。对运动与肌肉塑造的研究表明，如果身体的某个部分被忽略，那么身体的其他部分也只会少量发展以保持平衡。这一理论同样适用于由心理、生理和精神组成的总体健康状况。科学研究表明，智力会随着身体素质的提升和肌肉质量的增加而得到提高，精神科专家指出，感知神奇体验的能力会随着心理认知的提升而增强，反之亦然。部分影响着整体的发展。研究表明，经常锻炼可以增加认知能力、增强神经可塑性，甚至可以增加神经受体。那些变得更加聪明，更有能力的人只是运动公园与其相关景观设计项目的部分受益者。锻炼身体、亲近自然可以刺激内啡肽和其他可引发积极情绪的化学合成物激素的分泌，减轻人们压力的同时还可以改善人与人之间的关系，改善人类社会环境。而心情好、身体健康的员工的生产力更高，请病假的天数更少。心理学家的研究表明，那些身体状况良好的人，心理承受力更佳。

在打造自然、宜人的公园环境方面，一项可诉性研究表明，那些喜欢在公园绿地散步的大学生的考试成绩有了显著提高。有趣的是，只是看看公园内的绿色植物也可以提高成绩，但这些学生没有那些完全沉浸在自然环境中的学生进步显著。有研究表明，亲近自然可以带来良好的社会发展效益，而理查德·洛依（Richard Louv）的大自然缺失症假设也对那些身体研究理论做出了总结。置身于自然之中可以帮助孩子们发展他们的认知能力、情感体验能力及他们与社会环境和自然环境之间的行为联系。自然体验有助于激发孩子们的想象力和创造力，有助于他们认知能力和智力的发展，有助于他们社交关系的发展。自然体验可以帮助人们从工作或是研究造成的精神疲劳中恢复过来，从而有助于提高人们的工作表现和满意度。当都市自然以公园和步道的形式呈现在人们面前时，便可提供安静和给人以灵感的环境，激发人们的求知欲和机敏性。户外活动有助于缓解阿尔茨海默症、失智症、压力和沮丧情绪，改善那些刚刚被诊断为乳腺癌患者的认知能力。在自然环境中活动也可以缓解儿童多动症的症状，因此"绿色时间"可以作为一种辅助传统药物和行为疗法的有效治疗方法使用。因此，自然环境对个体乃至整个社会的益处颇多，人们可以在自然环境中休闲、放松、感受自然景观等等。

在打造游乐场地（特别是那些与锻炼场地分隔开来的游乐场地）也可起到类似的作用。自然不会创造没有实际用途的东西。游戏也是一种重要的、亲身实践的学习方式。动物可以通过游戏来学习，我们人类也是如此。小动物们在游戏时会学到捕猎、打斗等重要的生存技能。我们在开展足球、橄榄球等团队运动项目时，我们也会学到沟通、策略、团队合作、肢体语言解读、冲突解决等核心的生存技能。我们在进行个人运动项目时，也会学到其他技能。无论是网球、自行车赛这类与他人竞赛的个人运动项目，还是滑板、自由式自行车越野赛这类挑战自我的个人运动项目，我们都会从这些运动项目中学会自力更生、自我激励和自我约束。通常情况下，我们是没有教练帮助自己从跌倒或失败中走出来的。在我们挑战自我、冲破限制时，运动会给予我们勇气与力量，棒球运动员和滑板选手也是如此。所有在游戏中学到的技能将会给我们今后的生活带来积极影响，让我们在做其他任何事情时展现出更好的一面。正如约翰·洛克（John Locke）所说，实践可以让人们学到更多书本上没有的知识。

抛开上述所有研究和运动带来的益处，休闲娱乐本身也可以给人们带来乐趣！自有人类文明以来，人类便开始创造多种游戏和游乐场所。本书在此向这项创举和那些为此投入无限热情的人致敬。

简 介

1. 运动公园定义

部分地区及全市范围都建有运动公园。运动公园的主要用途是为人们进行有组织的运动及体育活动提供场所，因此具有很高的配置，要能够承办各种体育活动，小至普通团体训练，大至重要比赛项目。

本书中，我们将介绍两种休闲及运动公园，一种是资源型运动公园（城市运动公园），另一种是人口型运动公园（区域运动公园）。资源型运动公园可供整个城市的居民以及外地居民使用，位于自然景观或人造景观附近或位于其中央位置。此类运动公园的资源有海滩（例如 Mission Bay 公园）、历史景点（例如巴尔波亚公园）、自然峡谷及河道（例如 Mission 步道公园）。人口型运动公园主要用于满足居民区内人们的日常需求。此类公园有时会临近学校而建，为了与学校进行设施共享，居民从住所到公园，仅需在服务区域内步行一段距离即可到达。

资源型运动公园（城市运动公园）

资源型运动公园旨在对公共区域的秀丽风景和自然资源或历史资源加以保护和利用。此类公园是街区运动公园及城市运动公园的一个补充，可供整个城市居民及外来游客使用，而不只面向一个社区。但此类公园也可满足其周边居民对街区运动公园及社区运动公园的需求。

人口型运动公园（区域运动公园）

人口型运动公园（区域运动公园）主要分为两类：社区运动公园和街区运动公园。

社区运动公园半径通常大约为 0.8 千米至 1.6 千米，可供18,000 至 25,000 位居民使用。理想情况下，一个与学校临近的社区运动公园的可用面积至少要达到 5.3 万平方米，不与学校相邻的社区运动公园的可用面积至少要达到 8.1 万平方米（"可用面积"规定为在等级上不高于 2%）。此类公园要能够提供多种多样的设施，这些设施可以对区域运动公园进行补充，设施的配备可按照社区的需求和喜好而定。娱乐中心、运动场地、多功能运动场、野餐设施、玩耍活动区域、停车区域、舒适的车站、绿化及草坪区域都是标准设施。若有可能及有需要，也可以提供游泳池和网球场。

街区运动公园半径通常大约为 0.8 千米，可供 3500 至 5000 位居民使用。理想情况下，一个靠近学校的街区运动公园的可用面积至少要达到 2 万平方米，不与学校相邻的社区运动公园的可用面积至少要达到 4 万平方米。设施的设计和种类应根据街区居民的数量和使用特点而定。活动区域、娱乐中心、多功能运动场、舒适的车站、野餐设施、绿化及草坪区域通常都是区域运动公园中的典型标准设施。

2. 设计目标与原理

美学角度

运动公园应该传递出一种积极的形象，并成为社区和城市的永久特色。运动公园的设计还应展现出一种到达感，设置参照点用以促进循环使用。此类公园应为群体和个人提供举办正式演出和即时活动之地。此类公园应随着季节的交替来反映大自然不断变化的景致，并能够展示出一些独一无二的、显而易见的、错综复杂的，以及简洁明了的事物。此类公园的设计应展示出更为人性化的一面，人们在远处便可望见运动公园。总而言之，要通过每个公园的设计营造出一种场地感和社区感。

功能角度

运动公园的设计要方便所有社区居民进行使用和娱乐。此类公园在功能上的设计也必须要便于维护。在公园的设计中要使用当前最新产品及行业标准。

经济角度

运动公园应在设计的同时考虑初步建造及后期维护所需要的预算。

公用场地分类

在一定情况下，公用场地的分区可以允许多个运动公园同时存在于特定环境。例如，当地势及可用土地的面积不允许在单一位置上建设运动公园时，或是运动公园（例如一个区域娱乐公园）的修设受到主要道路、铁路或溪流的限制时，也不能让到访公园居民的数量有所减少，应当为居民们提供足够共享的设施，提高园区的整体服务水平，无需重复提供装饰布置。装饰布置的支出和公用场地分类要以公共场地上单个公园为基础进行。

便利性问题

在确定一个运动公园的整体适用性及装饰布置的设计和位置时，需要考虑的一项重要因素是运动公园给附近居民及其他公园使用者带来的潜在便利性。这些装饰布置中包含的一

些设施有的会产生噪音，公园内可能设有遛狗区、回弹墙或球场，滑板区或越野区。因此在此类装饰布置确定是否适合在单个公园内使用时，要对使用、位置以及设计这三种因素进行考虑，一些设施的入口可能需要在下班之后的时段内设限。

装饰布置的成本及减免

要在所分配的预算范围内对运动公园进行设计，并要提供对运动公园进行维护的省钱方法。装饰布置的成本金额固定，在此基础上计算基础设施成本和公园装饰布置的最大减免额度。采用其他替代方法来代替公园装饰布置并不会使开发商在其所提供的设施上获得额外的借贷款。

运动公园设计指南

1 场地规划

在对运动公园进行设计和场地规划时，要对场内及场外特点进行分析和整合，例如自行车道和人行道、开放区域、地势、景色、现有植被以及邻近学校的共同使用需求。在对场地进行规划期间进行项目分析和评估时，应参考社区规划、主要规划或准确规划、总体发展规划以及其他的当地城市规划的相关文件要求。

1.1 坡地及较小地块

在某些情况下，运动公园设计者会考虑到对坡地或较小地块加以利用，例如小于 5 万平方米地块，来在既有的城市区域内建造区域运动公园。只有在下列条件下，没有其他可使用的土地时，才可利用此类土地开发区域运动公园。

只有在满足下列条件的情况下才可考虑使用这些情况欠佳的地块：至少要提供一个能够进行训练的完整尺寸大小的场地，并配以网球场及小型"运动场"；要能够方便快捷地从主区域

到达便利设施及停车区域；长草的斜坡不得超过 16 个，并且这些斜坡可以使用机器来进行维护，或者配备了能为使用者提供足够安全保障的挡土墙；覆盖有植被的坡度路堤不多于 13 个。

1.2 场地入口及通道

所有公园均有对边界的处理，停车场地的供应，人行通道、自行车道的提供以及饮用水的供应有要求。尽管不同类型公园的标准要求条件不同，但是有一个可选范围以供参考。下面章节将介绍一些所有类型公园所普遍拥有的一些问题的可选方案或者适用于特定公园类型的可选方案。在没有对特定因素提供可选方案时，可假设该处必须遵守标准要求条件。

场地入口

应对公园入口进行仔细管理，以确保所有用户都能够在公园内安全使用各种设施。而对场地的边界进行仔细管理，是为了确保所有车辆都被限制在指定区域。公园入口和出口也要

图1：在坡地上开发区域运动公园的示范方法

位于斜面地基上的运动场剖面图

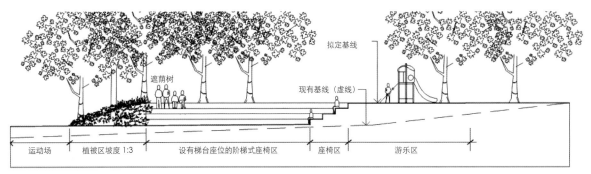

位于斜面地基上的区域运动公园剖面图

考虑到周围居民情况,尽最大可能使用户安全便捷地进入公园。在某些情况下,这将意味着对行人加以限制,或者对某些地方的其他车辆加以限制。

场地入口的标准要求

对于城市及区域型运动公园而言,封闭的内部道路网提供了通往会所和停车区域的入口;对于区域娱乐公园而言,应在所有能够进入公园的边界处/正面处设置一个"入口管理"障碍,例如,每1.5米设立一个间隔护柱。

可选方案

- 满足城市景观指南的边界处理方法,以及在不减少公园监控的情况下,所有可以限制车辆进入的边界处理方法。
- 使用标杆及顶栏杆围栏或者开放停泊式栏杆围栏。
- 密集种植不高于0.6米的低矮灌木或者密集种植树木,树下种植2米的下层植被。
- 使用护柱材料,例如方木、石头、回收塑料或带有绿化特色的组合材料作为替换方案。

其他可选方案的要求条件

- 使用地形特征,例如路堤或者排水洼地。
- 可选方案要将活动不便人群的需要考虑在内。
- 所使用的材料和施工不可超出护柱标准处理所预期的维护成本。[1]

人行道、自行车道和小路

由于人行道和自行车道在公园内部提供了通往设施及景点的通道,同时也提供了进入公园的通道,因此人行道与自行车道是公园不可或缺的一部分。通道本身也成为了重要的娱乐设施,并且为人们提供了散步、跑步、骑车以及一系列非正式的娱乐活动。因此,在公园的设计中需要考虑到通道的娱乐性价值及提供公园内部设施入口的服务价值。

通道的标准要求

- 混泥土道路(2.2米宽)围绕公园周边建造,其中包含自行车道/人行通道网。
- 内部混凝土道路(2.2米)宽彼此相连,并能够通向主要活动区域(最大坡度120)。
- 所有类型的公园都可以考虑修建能够提供入口、提供娱乐并满足最小宽度为2.2米宽的内部道路网。
- 所提供的道路网应该是用于该类型的公园。对于城市娱乐公园而言,道路图所围成的区域面积要足够大,并能够提供至少2.7千米的直线距离,最好带有距离标志。
- 形成区域自行车专用道路网的通道需要符合该道路网的标准。

图2:可选的边界处理方案

护栏将道路与植被区和岩石分隔开来

标柱与围栏

茂密的低矮植被区内设置有硬质雕塑

图 3：可选的道路方案，图中给出了周边相连的场所及路线

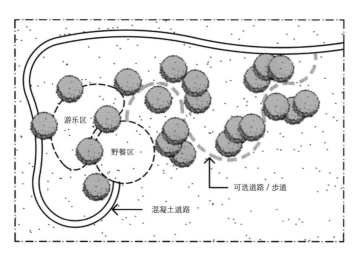

游乐区

野餐区

可选道路／步道

混凝土道路

图 4：区域公园的可选道路布局，图中给出了通往娱乐小路的处理方法

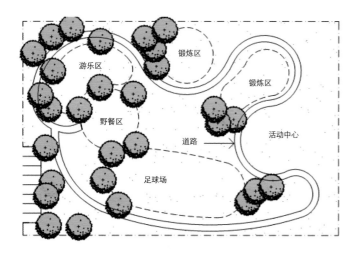

游乐区

锻炼区

锻炼区

野餐区

活动中心

道路

足球场

- 道路网必须要能够为公园内部主要场所提供足够的入口，并且要能够使公园内部的主要设施彼此相连。
- 可以考虑道路宽度多样性，其中可以将道路宽度大于 2.2 米的道路作为 "主要" 通道、共享通道或连接通道，可以建成 3 米宽或更宽，可以附加建造一些较窄的小道，用于较少车辆流通及行人娱乐散步使用，小道最小宽度不得低于 1.5 米。
- 可以考虑建造混凝土路面与其他类型相结合的路面。可以考虑柏油路面、混凝土路面、铺路以及其他硬质景观路面，只要运动公园的设计团队对路面的使用和位置获得批准即可。不可使用砾石或风化岩路面，因为会存在排水及侵蚀问题。下列一些例子给出了一些可选方案。

适用于城市及区域滨水公园

- 沿着公园周边（最好与水域、小河或者小溪相邻）建造的混凝土道路（2.2 米宽）要与自行车／人行道路网相整合。
- 内部混凝土道路（2.2 米宽）彼此相连，并能够通向主要活动区域（尽可能按照地势轮廓建造，或最小坡度 120）

适用于城市及区域带状运动公园

- 沿着公园周边（最好与水域、小河或者小溪相邻）建造的混凝土道路（2.2 米宽）要与自行车／人行道路网相整合。

适用于区域娱乐公园

- 混泥土道路（2.2 米宽）围绕公园周边建造，其中包含自行车道／人行通道网。[1]

小路

运动公园中的小路提供了另一种可选交通方式，也提供了额外的娱乐活动的场所。一般城市中，公园小路的形式多种多样，其中包括供人们行走、骑车、骑马的小路。要在能够提供小路的地方设计这样的道路，这些小路除了能通往城市的开放区域以及区域的正式道路之外，也能够与其他的公园、学校以及公共场所进行相通。在选择小路的位置及设计小路时，使用者的安全性是最为重要的一项因素。小路之间要尽可能成 90 度交叉，并带有清晰的场所距离标志。小路的设计中要包含其宽度，并明确小路两侧的区域。小路上不要有任何横向及纵向的阻碍物（不要有任何阀门、拱顶、排水口）。小路之间的间距最少为 3.7 米，以便行人能够看到周围建筑及自然景观。

除急救车之外，所有机动车不得进入小路行驶，应通过适当的设计和细节规划来阻止机动车进入。路面的铺设首选在压紧的稳固路基上使用坚硬的风化花岗岩，并形成一个横坡以便排水。残积土／表面材料要压紧。表 1 中给出了特殊小路的宽度、位置以及净区的相关数据。

2 坡度和排水

所有运动公园项目必须安装正压排水系统（要将排水引向远离建筑物、电箱、挡球网以及灌溉控制器的方向）并提供必要的排水部件。

2.1 场地坡度及排水

场地坡度和排水设计要遵循下列要求条件。（如表 2）

2.2 排水系统

要按着流动要求对区域排石系统进行设计和定尺，并进行相应的施工建造。若排水量超出了 15.2 厘米 PVC 管道容量，则必须遵循当地城市坡度开发条例对排水系统进行设计及施工。

2.3 雨水排放及最佳处理方案

所有运动公园项目的设计都要符合当地水务局有关污水防治条例。要对所有的运动公园项目提供最佳处理方案（BMP），以此来控制长期侵蚀，减少污染物总量，并降低项目场地中的其他沉积物进入雨水排放系统。此外，如果运动公园面积大于 4,046.9 平方千米，则须在运动公园建造之前提供雨水污染防治计划（SWPPP）。

2.4 竣工坡度

草坪的最终坡度要在小路、草坪修剪限定区或其他铺路位置以下 2.5 厘米，灌木丛、地被植物、有机覆盖物区域的最终坡度在上述位置以下 5.1 厘米。坡度的大小以及植被的种植要能够使警察坐在警车穿过或在巡视公园时看得到整个运动公园的情况。避免遮挡视线的堆积物或堤坝的存在。

表1

	最大宽度	净区	位置
人行道	0.6 米； 最小 1.8 米	0.6 米	小路两侧
马道	1.2 米； 最小 1.8 米	0.6 米	小路两侧
多用途小路	1.8 米； 最小 2.4 米	0.6 米	小路两侧

注：如果小路两侧 1.5 米长度内的坡度多于 21 或高度高于 1.5 米，则须沿着小路的两侧设置标杆和围栏。所有的小路都要充分地标明用途类型和使用者类型。

3 标准球场与球场布局

城市运动公园内的标准球场与球场布局：面积为 140 米 X70 米的四个矩形场地，能够提供两个半径中心距为 68.6 米的椭圆形板球场（照明达到 250 勒克斯），或者一个椭圆形主场（面积为 173 米 ×143 米），其中包含训练场地（照明达到 250 勒克斯）；每个地区至少有一套全市设施，围绕场地周边或椭圆形场地建造跑道，供运动员使用；八个多功能运动场（场地表面浇灌混凝土）。提供相应基础设施，包括周边围墙或场内围墙、球网或目标网柱、横线标记、达到 250 勒克斯的照明设施。

区域运动公园内的标准球场与球场布局：面积为 140 米 X70 米的两个矩形场地，能够提供一个半径中心距为 68.6 米的椭圆形板球场（照明达到 250 勒克斯）；四个多功能运动场（场地表面浇灌混凝土）；提供相应基础设施，例如周边围墙或场内围墙、球网或目标网柱、横线标记、达到 250 勒克斯的照明。[1]

表2

使用	坡度
铺路面（人行道，混凝土、沥青及其他铺路材料铺设的颗粒表面）	最低 1.5% - 最大 4.5% 横向坡度最大 1.5%，无例外情况
篮球场和排球场 （多功能铺砌运动场）	一侧排水端到另一侧排水端适合坡度 1%
网球场	一侧排水到另一侧排水或一侧排水端到另一侧排水端适合坡度 1%，不要超过球网下方最高点
多功能运动场	最低 1.5% - 最大 2%
垒球场	修剪的场内跑马场、场外马场以及草皮外场的适合坡度为 1.5%，任何情况下都要安装正压排水系统，将排水引向远离本垒的方向
停车区域（沥青）	最低 1% - 最大 4%， 横向坡度 4.5%， 无障碍入口坡度 1.5%，无例外情况
草坪区域（静态休憩用地）	最低 2% - 最大 20%（51）
灌木和地被植物覆盖区域	最低 2% - 最大 50%（21）
有机覆盖物区域	最低 2% - 最大 33%（31）

城市运动公园的其他可选方案列举

- 开发一个单一区域,将高级运动场与椭圆形运动场相结合,提供一个最小面积为8万平方米的正式娱乐场,提供无板篮球、网球、篮球(或其他户外场地运动)项目场地,确保至少有八个运动场。

- 如果拟建的城市运动公园能够遵循特定规范提供可以在冬夏两季使用的总部设施/区域设施,委员会将允许所有场地修设成矩形或椭圆形。

- 如果由于土地的可用情况或地势情况无法建造单一区域,那么可以考虑在其邻近位置设计一个"专区",将较小的运动公园/运动场地进行分组,该区域能够提供与运动场相同的效果。这一方法只有在"专区"或分组场地在步行范围内(通常最多不超过200米)可以提供全部设施的情况下才可考虑,要在遵循类似规范(例如,矩形场地使用者)的前提下对这一区域进行整合设计,并尽量减少配套基础设施的重复设置(例如俱乐部、洗手间、食堂)。

- 在可用土地受限的情况下,可以考虑为户外运动和室内场地运动提供替代性的场地表面(例如合成材料),使用人造或替代性场地可以在人流量较大的位置提供高强度的多用途功能。

- 练习设施有多种不同的类型,不只限于板球练习网。例如,网球或足球(英式足球)的回弹墙;只占用一半场地的其他设施,只要这些场地和设施能够适用于该场地上的运动需求即可。[1]

区域运动公园的其他可选方案举例

- 将高级运动场与椭圆形运动场相结合,至少提供两个运动场,这两个运动场至少要满足两个规范,同时要能够提供下述运动场。

- 将综合运动场和马场相结合(例如用于曲棍球和足球),同时要能够提供下述运动场。

- 一个小型椭圆形场地和一个大型椭圆形场地,大型场地内有一个矩形场地,同时要能够提供下述运动场。

- 在400米草坪跑道内部设置一个高级的矩形场地,同时要能够提供下述运动场。

- 如果公园为一种特定体育项目提供场所,场地的结合可以包括四个或者四个以上的单一用途场地。

- 在可用土地受限的情况下,可以考虑为户外运动和场地运动均提供替代性的场地表面,使用人造/替代性场地表面能够提供多用途功能并增加人流量。

- 区域运动公园可以采用"专区"的方法,将临近的两个场地组成一组,其中一个作为户外运动场,另一个作为运动场。在可用土地受限的情况下,可以考虑这一方法。两个场地必须在步行范围内(通常最多不超过200米),理想情况下,两个场地共用一条街道,还要将专区进行整合设计。[1]

4 铺路、通道以及草坪修剪限定区

4.1 设计

所有运动公园均提供通道,用以满足使用需求和审美需求。从功能角度来看,通道要能够将运动公园的不同区域连接起来,并可通向特殊的地标。通道最好能够提供一个循环系统。运动公园中的主要通道要使用无色混凝土铺路。在运动公园周边以及运动公园空地处,通道与运动公园的连接要考虑到其合理性、便捷性以及美学性。通道要能够方便所有使用者使用,在一些区域,通道还要能够方便急救车及维修车进入。从美学角度来看,通道的设计要能够使使用者欣赏到场内及场外的景色以及运动公园的不同设施。

风化花岗岩通道或路线可作为运动公园循环系统的一个次级组成部分。这些通道要使用稳固的风化花岗岩,在使用之前,要根据厂商的建议在工厂进行适当地预混合处理。要根据土壤报告确定通道的净深和基层情况。建议在所有风化花岗岩表面的下方设置杂草障碍。通道边缘最好使用混凝土或耐蚀金属。

混凝土草坪修剪限定区要将所有的草坪区域与灌木丛或地被植物区域分隔开,使用风化花岗岩铺设,在围栏与马场或地被植物接壤的地方,将围栏设置在花岗岩上方,将其作为墙体的一部分(在即将铺设草坪或已经存在草坪的地方的顶部和底部均如此),以便对草皮和地被植物进行修边或修剪。草坪修剪限定区的宽度最小为20.3厘米。

4.2 通道位置及通道施工建设

在可行的地方建造通道，将草坪区域与灌木丛及地被植物区域分隔开，降低边缘维护成本。

5 围栏与围墙

运动公园的设计要充分实现其功能性，视野上要尽可能开阔，尽量减少使用围栏。只为多功能场地和一些通过其他方法无法保证使用安全的地方设置围栏。

使用钢铁管围栏来保持景观的美观或与项目设计主题相一致。所有的组件都要是钢铁管和镀锌材料(无毛边和锐利边缘)。围栏颜色要是通过静电喷漆方法制作的电镀膜油漆颜色。

可根据具体场地的使用情况及要求对钢丝网围栏的高度和细节进行调整。如果围栏高度超过了 2.4 米，则需要使用中间横杆。对所有的钢丝网围栏的顶部和底部规定相同的横杆，在喷涂热控涂层之前使用标准尺寸的纤维织物，在顶部和底部进行折角处理。所有材料均要无毛边和锐利边缘。围栏立柱、铁丝网、横杆以及所有五金件都要涂上"耐热聚氯乙烯"涂层。铁丝网纤维物要放置在与运动区或适用于相邻的一侧。

人行道的入口最少 1.2 米宽。维护车辆的入口最少 4.2 米宽。墙体的设计和建造位置要避免受到滑板和涂鸦的破坏。所有混凝土砌体墙体都要使用预制混凝土构件进行最终装饰，或者使用定制的墙帽进行装饰。建造挡土墙时要修设墙体排水

表3

人行道	宽度
主要人行道 / 维护入口通道以及安全照明	宽 2.7 米（最小）
与球场照明相邻的通道	宽 3.7 米（最小）
与公园内部设备用车站点的停车位相邻的通道	宽 2.7 米（最小）
不设维护入口或安全照明的次级人行道	宽 1.8 米（最小）

注：要根据土壤报告进行通道的施工建设和加固。需要在设计阶段提供土壤测试结果，并在招标文件中提供建议书。混凝土通道要带有伸缩接缝和路面线纹。

设施。当墙体超过 76.2 厘米并与通道相邻时，要根据当地市政条例规定安装防护拦。

6 场地设施

所有的运动公园都要配备野餐桌、长椅、自动饮水机、烤肉架、自行车架、垃圾箱以及其他所需的场地设施。要根据运动公园类型、设计特点、持续性以及维护性等方面选择场地设施类型。场地设施的颜色、材料以及形状要彼此相呼应。要使用合板钉及环氧基树脂将场地设施永久固定在混凝土上，或根据制造商的建议固定在风化花岗岩铺路上。

6.1 位置摆放

草坪地区的场地设施要与其他设施、围栏 / 墙体和树木 / 灌木丛相距至少 3.6 米，以便放置割草机。场地设施的位置要避免与灌溉系统和其他公园设施相冲突。

6.2 野餐桌

野餐桌要放置在混凝土衬垫上，留出 1 厘米横坡，便于排水。衬垫的四周要比桌子 / 长椅多出 1.2 米。一些野餐桌要通道相连接，或者要有无障碍通道能够抵达野餐桌。与通道相连的野餐桌要与通道的方向相垂直，阻止滑板活动。最好安装桌椅一体设施。

6.3 运动公园长椅

在运动公园的草坪区域，长椅要放置在混凝土衬垫上，其设计和位置要阻止滑板活动在该区进行。在一些运动公园长椅旁需要设置陪护座椅。

6.4 自动饮水机

每个运动公园都要有至少一个无障碍高 / 低自动饮水机。如果在运动公园的其他地方提供了无障碍饮水机，则可以使用围栏挂式饮水喷泉。在公共厕所附近提供一个不锈钢高 / 低

固定墙挂式饮水机，或在挡球网后边提供一个不锈钢高／低固定基座。

6.5 烧烤炉和热炭插座

金属烧烤炉要放置在循环线路的外侧，在明显的位置安装混凝土烧炭插座。如果位于草坪区域，则需提供一个混凝土衬垫，用以划定出草坪修剪的区域。

6.6 自行车架

自行车架要安置在主要循环线路的外侧的混凝土铺路上。

6.7 垃圾箱

混凝土垃圾箱要呈方形，并根据运动公园管理者的指导，在侧边或顶部开口。所有的垃圾箱都要有保护盖。

6.8 垃圾围墙

混凝土砖垃圾围墙要位于停车场区域内部。在垃圾场的一端要提供一个供重型车辆行驶的车道和混凝土围墙。混凝土围墙的尺寸要方便垃圾车进入垃圾场。要为垃圾场设置坚固的钢制大门或带有遮挡板条的钢丝网大门。

6.9 标志

所有运动公园都要至少设置一个永久固定的公园指示标志。该标志要与运动公园的主题或自然景观相融合。标志通常位于最明显的公用街道一侧，如果标志位于两条街道的交叉处，则需呈一定角度放置。运动公园的指示标志上要安装不易被破坏的照明装置。

7 多功能球场（篮球、排球场）

在空间允许的前提下，要将篮球场和排球场分开。若场地受限，则将场地整合进多功能球场。

7.1 篮球场

所有冷接头均需安装钢筋销子和套管，所有套管都要进行润滑。场地表面要防滑，或进行扫面处理。在游乐场的场地表层使用耐磨材料设置简易跑道。

最佳的场地朝向应是南北轴线的方向。当两个或更多场地并排相连或首尾相连时，场地之间的最小距离为3米。

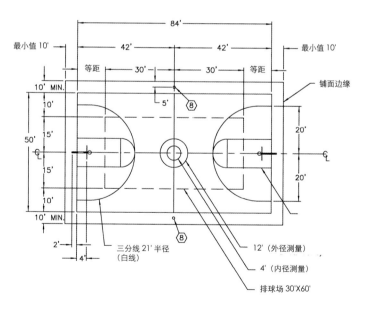

图5：多功能运动场的设计

注：
1）篮球场划线采用的是5.1厘米宽的白线。
2）排球场划线采用的是3.8厘米宽的黄线（场地线用虚线进行标示）。
3）如未加说明，场地尺寸应从划线外边算起。
4）在白线和其他颜色划线相交的区域，以白线为主。
5）承包商负责对球场进行规划和设计。
6）篮球架应当设置在基线45.7厘米外的区域，并向外扩展1.8米。篮球框距球场地面的距离为3米。

图 6：多功能球场的设计

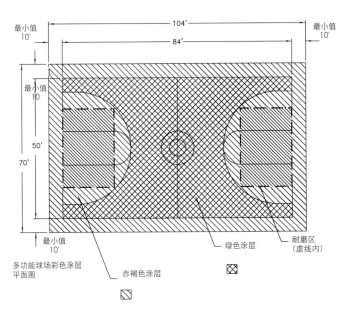

多功能球场彩色涂层
平面图

注：
1) 耐磨区，需要在场地上涂上额外的图层。
2) 赤土色面层，若未加说明，则需延展至道路边缘。

图 7：篮球场

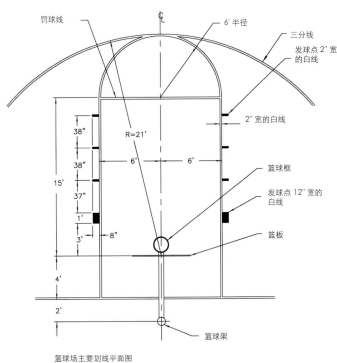

篮球场主要划线平面图

注：
如未加说明，场地尺寸应从划线外边算起。

篮板必须均为钢质，涂有乳液型底漆、扇形、外带 1.8 米的延展。篮筐要使用两道尼龙网镶边。杆子为镀锌钢材质。

7.2 排球场

铺好的排球场

铺好的排球场要使用浇灌混凝土表面，面积为 15 米 ×24 米，带有一个面积为 9.1 米 ×18.3 米的游乐场。根据土壤报告进行场地施工和加固。所有冷接头都要有钢筋销子和套管，所有套管都要进行润滑。场地表面要防滑，或进行扫面处理。当两个场地并排相连接时，彼此之间至少要有 3 米的距离。游乐场表面提供简易跑道，使用耐磨材料。首尾相连的场地之间最小距离为 4.6 米（见图 5）。

沙地排球场

沙地排球场要带有一个面积为 9.1 米 ×18.3 米的游乐场，排球场每侧均要有一个 3 米的安全区，每个末端均要有一个 4.6 米的安全区，总面积为 15.2 米 ×27.4 米。沙地要包含一个混凝土路边，最小宽度 20.3 厘米，围绕场地周边以相同高度铺设。沙地表面至少 30.5 厘米深。沙地要干净、两边冲洗、使用 #20 硅砂、无毒害的有机材料。表面排水系统要与场地排水系统相连。

排球网和排球杆

所有标准排球设施均要镀锌。网杆要高出游乐场 2.4 米。排球网要沿着顶部和底部设置缆绳。排球杆之间放置的排球网的面积为 9.8 米 ×0.9 米。

8 网球场

8.1 设计基本要求

网球场要使用浇灌混凝土表面，面积为 11 米 ×23.8 米，每侧均要有一个 3.7 米的旁隙，每条基线与围栏之间的距离为

6.4 米。根据土壤报告进行场地施工和加固。要根据土壤报告提供路面线纹(锯槽),以此避免整体浇灌时产生应力断裂。所有冷接头都要有钢筋销子和套管,所有套管都要进行润滑。场地表面要做防滑处理。场地要提供单打和双打标记。画线宽度 5.1 厘米,基线为 10.2 厘米宽。

8.2 朝向和位置

最佳的场地朝向应该是沿着南北轴线的方向(建议北偏西22° 方向)。当两个或更多场地并排相连或首尾相连时,相邻的边缘线之间的最小距离为 3.7 米。当两个或更多场地并排

相连接时彼此之间至少要使用一个 3.7 米高的围栏进行分隔,从场地的后部将场地延长 7.3 米。每个场地的末端与围栏之间最小距离为 6.4 米。

8.3 网球场地围墙

围栏应为 3.7 米高,并在场地内部安装织物链条网。围栏栏杆、链条、横杆,以及五金件应为黑色的、耐热的聚氯乙烯材质。要在围栏内部设置细网格挡风板。要在围栏内部设置大门,以此尽可能降低对比赛的干扰。

图 8:网球场设计

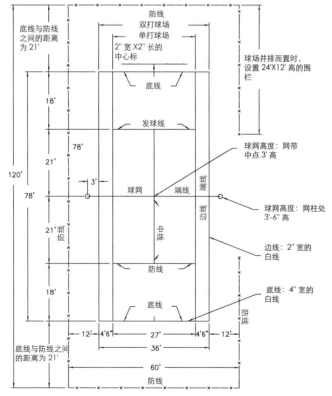

网球场划线平面图

注:
1) 网球场划线为白色。如未加说明,场地尺寸应从划线外边算起。
2) 承包商负责对球场进行规划和设计。

图 9:网球场设计

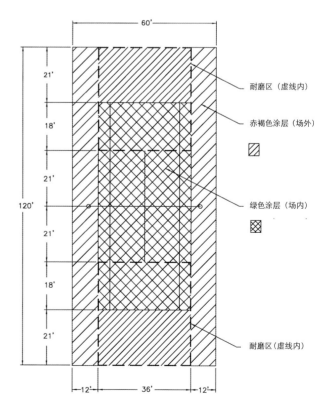

网球场彩色涂层

注:
耐磨区,根据具体技术参数使用场地表面额外图层。

9 游泳池

9.1 游泳池要求及标准

设计游泳池的深处面积时要考虑到使泳池能够提供竞技比赛、水球、花样游泳等活动,23 米 ×23 米或者 23 米 ×50 米,深度最少为 2.7 米,至少 6 条泳道。也需要为高级别的活动提供深水区 (救生员培训和潜水)。单圈泳道的朝向应为南北方向,但要安装锚点套筒,以便可以更改泳道的方向,使泳池能一次性提供多种运动项目。

泳池浅区的设计要能够最大限度满足使用者的教学需求。浅区高度最高 1.5 米,浅区大部分区域的高度要在 46 厘米至 1.2 米范围之间。

- 要有一个单独房间,放置急救设施。
- 泳池经理办公室必须与主要前台区域相连(客人在前台付费),在经理办公室内要能够看到泳池区的情况。
- 要为泳池甲板提供充足的照明,以便甲板上的行人能够注意到危险情况。
- 要提供一个进入泳池的斜坡或零深度进入区。
- 要提供一个观众座位区,与泳池甲板分隔开。
- 如果泳池是单独独立的,则要提供一个大型会议室,以供举办特殊活动、会议、水上安全课程培训以及员工培训。
- 要提供一个存储泳池设备及教学用品存储区(带有搁置架)。
- 要在甲板区域提供遮阳结构。
- 在甲板区域要提供一个 4.3 米宽的急救车 / 抢修车入口双开大门。

10 多功能场地(垒球和足球场 / 跑马场)

多功能场地不应有大于直径 1.3 厘米的土块,不要存在厚度为 38.1 厘米的大石块,或者为场地提供一个 38.1 厘米厚的表层土层,表层要达到园艺 A 级标准。

10.1 垒球场

垒长最少 19.8 米。
边线半径最短距离 76.2 米。
本垒与挡球网之间距离为 6.1 米。
排水集水池或检修孔不要位于游乐场内部。

10.2 场地朝向

最佳朝向是,击球运动员朝北面对投手,本垒与投球区之间画一条线,线条的方向不超过北偏东或北偏西 20°,一垒线位于东西方向。但为了能够对场地进行最佳利用和配置,有可能需要偏离最佳朝向。

图 10: 垒球场设计

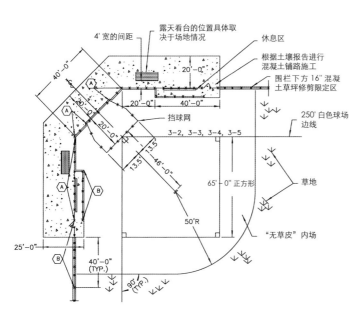

垒球场

注 :
1) 挡球网与中线对称、除上文所述情况。
2) 如未加说明、场地尺寸应从围栏中线算起。
3) 委托方需要安装本垒板。
4) 将挡球网固定在围栏上,详见挡球网注意事项。
A) 3.7 米高的黑色乙烯树脂锁链围栏。
B) 2.4 米高的黑色乙烯树脂锁链围栏。

10.3 场地排水

通常是场地中间位置聚集的积水向四周排水。当一些场地存在互相重叠的情况时，此种类型的排水不可行。这种情况下，须经过公园项目经理的批准后，考虑使用其他类型的排水或考虑使用其他类型的排水设备。所有情况下，都要安装正压排水系统，将排水引向远离本垒方向。

10.4 垒球场内场混合物

垒球场内场混合物要满足下列要求条件：
颗粒大小分布 / 过筛百分率。

10.5 内场混合物要求条件认证

承包方要在项目提交时向驻地工程师或项目经理提供认证。不可使用种植区土壤改良剂对内场区域进行改进。

10.6 内场灰尘控制

在内场周边外部的草坪区域提供两个快捷耦合器阀门来控制内场灰尘。这两个耦合器阀门不要位于最终修成的坡度处。此外，在内场周边设置一个高速转子手动控制系统，可对内场进行均匀快捷加湿。

表4

筛眼孔径	最小	最大
No.4	100%	
No.8	90%	100%
No.16	85%	95%
No.30	65%	85%
No.50	35%	55%
No.100	20%	35%
No.200	10%	25%

注：
粘土含量应在 10% 至 15% 之间。
含沙当量应在 15% 至 25% 之间，依照检测方法。
PH 值应在 6 至 8.5 之间。
首选金色。红色也可。
内场混合物的深度应在 10.2 厘米至 15.2 厘米之间。

10.7 围栏与挡球网

详细数据请参照图 11、图 12。

10.8 垒球场照明维护通道

照明维护通道应为混凝土人行道（为承载重型设备而设计），或者在围栏处提供一个 3.7 米宽的入口。

10.9 用电要求

要与运动公园的设计团队确认自动投球机插座的位置。插座可以位于挡球网或挡弹围栏后方的一个带锁的不锈钢箱内，或者放置在投球区附近的一个 20.3 厘米闸阀箱内的一个带锁防水盒中。

10.10 垒球看台

垒球看台要为热浸镀锌钢材质，通常至少 3 排或 5 排，4.6 米长。5 排的看台配备护栏。要对座位的焊点、步行板、露天看台框架（无锋利及尖锐的边缘）给出详细说明。看台与挡球网围栏线之间的最大距离为 1.2 米。

10.11 足球场

足球场最佳大小为 69 米 ×110 米，四周均带有一个 2.7 米的空白区（根据场地限制条件的不同，足球场最佳大小也可能发生变化）。球场表面不要与垒球场的内场表面重叠。场地区域不要有排水集水池及检修孔。

10.12 足球场朝向及位置

最佳朝向是沿着南北轴方向。临近设置的多个场地要彼此并排相连。可以根据场地布局对足球场进行偏移，但不可以首尾相连。

图 11

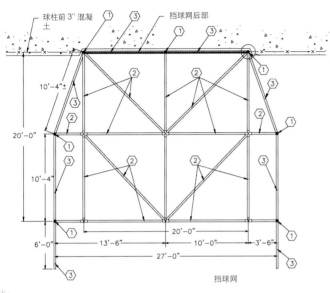

球柱前 3" 混凝土 挡球网后部

10'-4"±

20'-0"

10'-4"

6'-0"

13'-6" 20'-0" 3'-6"

27'-0"

挡球网

注：
1) 6.3 厘米镀锌铁管，带有混凝土基脚的网柱（7 个）插入地面下方 76.2 厘米深的地方。
2) 3.8 厘米镀锌铁管。
3) 5.1 镀锌铁管。

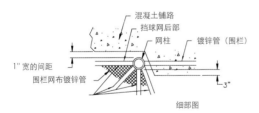

混凝土铺路
挡球网后部
网柱
镀锌管（围栏）

1" 宽的间距
围栏网布镀锌管

3"

细部图

图 12

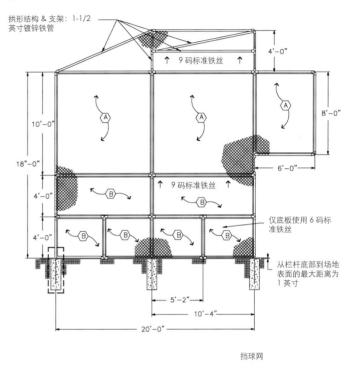

拱形结构 & 支架: 1-1/2 英寸镀锌铁管

↑ 9 码标准铁丝 ↑

4'-0"

10'-0"

8'-0"

18'-0"

6'-0"

4'-0"

↑ 9 码标准铁丝 ↑

4'-0"

仅底板使用 6 码标准铁丝

从栏杆底部到场地表面的最大距离为 1 英寸

5'-2"

10'-4"

20'-0"

挡球网

注：
1) 所有管架均采用 5.1 厘米的镀锌铁管，除上文所述情况。
A) 1.9 厘米 ×0.5 厘米的拉杆，拉杆中央有 2.5 厘米 ×2 毫米的环，30.5 厘米。
B) 1.9 厘米 ×0.5 厘米的拉杆，拉杆中央有 2.5 厘米 ×2 毫米的环，20.3 厘米。

11 游乐场与游乐设施

11.1 游乐场基本要求条件

学前儿童（2 至 5 岁）的游乐场要与学龄儿童（5 至 12 岁）的游乐场分开。游乐场附近不要有烤肉架、烧炭插座、带荆棘或尖刺的植物、能够招引蜜蜂的植物，以及其他潜在危险物。严禁树木在游乐设施的安全区上方垂悬。

沙地游乐场不要临近体育馆或娱乐中心，防止将沙子带入室内。自动饮水机不要临近沙地游乐场。

美国联邦政府目前采用的是当前的美国残疾人法案（ADA）要求规范，尽管该要求中大约三分之一的设施带有无障碍通道，但运动公园和娱乐部希望将地面娱乐设施最大化，希望提供弹性设施入口，使设备的利用最少达到 50%。[3]

成人的坐席位置要与游乐区域足够近，以保证成人可以对儿童进行监护。坐席的设计要满足残疾人士的需求，坐席的设计和位置要避免遭受滑板破坏。坐席的设计要符合 ADA 要求。

11.2 娱乐活动区

娱乐活动区是为非正式群体或个人提供体育活动场所。其中包含锻炼场所、休闲走动区，或供使用者进行其他身体活动的场所。

表 5[2]

大小\公园	城市运动公园	地区滨水公园	地区娱乐公园	区域滨水公园	区域运动公园
一个大型休闲走动区	50 米 ×70 米		50 米 ×70 米	50 米 ×70 米	30 米 ×40 米
两个小型休闲走动区	30 米 ×40 米	50 米 ×70 米			
			加一个带有篮筐和篮板的多功能半场区域，或者一个反弹墙和运动场		加一个带有篮筐和篮板的多功能半场区域，或者一个反弹墙和运动场

标准要求条件

运动公园的尺寸和类型请参照表 5。

可选方案举例

城市和地区运动公园及滨水公园必须提供至少一个 3500 平方米的休闲走动区，该区域尺寸不得小于 40 米，至少有两个其他娱乐活动设施（见下列例子）。区域娱乐公园必须提供至少一个 600 平方米的休闲走动区，尺寸不得小于 40 米，至少有一个其他娱乐活动设施。

娱乐活动设施举例：

- 非正式运动场；
- 供青年人使用的娱乐活动场地，例如越野赛道，跳高公园，滑板公园或运动场；
- 水平攀岩墙和垂直攀岩墙；
- 篮球场 / 半场；
- 遛狗区（设置围栏）；
- 跑道；
- 使用固定运动器材的室外"健身房"；
- 公园内部专用健身小路或多用途道路网，作为锻炼路径；
- 桨类运动的水道接入点（只适用于滨水公园）；
- 为老年人提供的活动参与区，例如地滚球场、室外棋牌区或室外运动设备。[1]

可选方案的其他必备条件

在设计和施工中要强调公共安全以及维护成本，并考虑在休闲走动区与儿童跑动道路之间设置围栏；在考虑为公园中提供恰当的装饰品时，要考虑使用者的年龄相似情况及使用者的偏好。[1]

11.3 娱乐场和冒险游乐场

娱乐公园和滨水公园的设计根本在于提供游乐空间。游乐场的规模和独有特色（例如冒险游乐、玩水、游玩雕塑）有助于

吸引居民和游客驻足，并能够丰富居民的社区体验。但成功的游乐场应包含众多因素，例如景观、位置以及游乐设施。城市和地区运动公园要能够为各个年龄阶段及拥有不同技能的使用者提供服务，而区域公园则应满足当地居民的需求。

标准要求

城市运动公园：

- 在平地（坡度最大为 150）或阶梯地块上建造一个主题冒险游乐场（标准大小为 100 米 ×100 米，配备一系列供 2 至 12 岁孩子使用的游乐设施；
- 遮阳结构；
- 坐席（两张桌子，四个长椅）；
- 软着地；
- 学步期儿童游乐区设置围栏；
- 儿童自行车道。

地区娱乐公园和城市滨水公园：

- 在平地（坡度最大为 150）或阶梯地块上建造一个主题冒险游乐场（标准大小为 60 米 ×40 米，配备一系列供 2 至 12 岁孩子使用的游乐设施；
- 遮阳结构；
- 坐席（两张桌子，四个长椅）；
- 软着地；
- 学步期儿童游乐区设置围栏。

区域运动公园和地区滨水公园：

- 在平地（坡度最大为 150）或阶梯地块上建造一个游乐场（标准大小为 20 米 ×15 米），配备一系列供 2 至 12 岁孩子使用的游乐设施。[1]

可选方案举例

城市运动公园和滨水公园：

- 供 12 岁以上儿童使用的冒险游乐场（可以包含一个滑板公园，山地自行车道，越野跳高公园或类似）；
- 游玩雕塑（指能够提供艺术性和互动性元素的雕塑）及互

动景观;

– 地表水游玩设施 (仅适用于城市运动公园);

– 将游乐场或多个场地与公园的特殊风景相整合; 这些场地必须能够满足小孩子和大孩子两类不同年龄组的人群的需求;

– 一个线性冒险小道, 能够提供一系列活动, 从中央区域可以看到活动情况;

– 巧妙利用自然特点 (例如岩石、山脊或斜坡) 来营造一种非正式游乐风景;

– 对游乐场边缘进行开发处理, 提供安全的垂钓平台或入水口 (仅适用于滨水公园)。

区域娱乐公园:

– 为青年人群设计游乐场或活动区, 也要适合当地社区使用, 例如一个小型山地自行车道, 非正式越野区, 户外健身设施, 攀岩墙, 冒险游乐场。[1]

可选方案的其他必备条件

– 城市和地区公园必须满足各种年龄人群的需求。

– 为年纪极小的儿童 (学步儿童) 提供的游乐场地要配备座椅。

– 要将为不同年龄组人群提供的游乐空间分割开。

– 所有游乐设施都要有遮阳结构。

– 游乐场区域能见度高, 要能够对其进行监视。

– 游乐场和冒险游乐场要远离交通量大的区域或道路。但如果游乐场不可避免地与交通量大的区域或道路临近, 那么为年纪极小的儿童 (学步儿童) 所提供的游乐场要设置围栏或有效的景观屏障, 来限制儿童走出游乐场。

提供游乐场和娱乐活动区是运动公园的一项补充目标。这将使公园对当地居民和参观游客而言具有额外的价值, 并使公共公园得到有效的多重使用。

标准要求

在平地 (坡度最大为150) 或阶梯地块上建造一个游乐场 (标准大小为20米×15米), 配备一系列供2至12岁孩子使用的游乐设施; 遮阳, 软着地。

可选方案举例:

– 为彼此临近的众多游乐项目提供遮阳、软着地以及适当的景观元素;

– 活动场地与游乐场和冒险区相结合 (例如冒险游乐场);

– 将游乐场与户外娱乐或娱乐活动项目相结合, 例如非正式越野车道、攀岩墙、为2至12岁儿童以及青年提供的锻炼设备;

– 游玩雕塑和互动景观。

可选方案的其他必备条件

– 运动公园通常会提供可供成人和青少年使用的运动和活动设施, 但最好为2至12岁的儿童提供适当的娱乐场所;

– 要对所有的设备提供天然的遮挡 (首选) 或遮阳结构;

– 公园周围要能够看到游乐场的情况遮阳可以确保视野清晰, 能够对娱乐场进行监视是所有方案均必须满足的条件;

图13: 运动公园中带有娱乐元素的娱乐空间

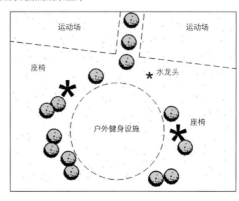

图14: 运动公园中景观走廊的分散型活动项目

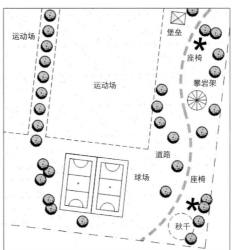

– 娱乐场所或设施一般不会设在交通量大的区域或公共道路旁，除非没有其他可选的可行性方案，此种情况下要为游乐场设置围栏。[1]

游乐场的设计要能够在预算范围内及场地限制条件下最大限度地体现娱乐价值。娱乐项目要在提供娱乐性的同时，让使用者在身体、社交以及脑力方面得到锻炼和提高。娱乐场环境务必要安全、耐用、抗涂鸦，且无需经常维护。[1]

11.4 娱乐设施一般标准

塑料甲板要有中央入口，除非横杆与主入口呈90°放置或呈循环样式，甲板中超过4.8毫米的孔洞高度高于76.2毫米。

一般标准为：要有用自攻丝螺钉进行加固的甲板，要有垂直安置在甲板上的攀爬墙，高度超出76.2厘米（必须倾斜），攀爬者头顶不要有空隙，要有封闭的滑行隧道或水平隧道（除由网状材料做成）；泡沫板；聚碳酸酯窗户或有机玻璃窗户；组合式滑道；木质组件；金属滑道；朝各个方向的深色塑料滑道；不带安全停止装置的可移动的挖掘铲玩具；转盘（除非配备制动系统）；带有支点的跷跷板（可安装弹簧）；带夹式线圈弹簧座的小动物座椅；重质动物秋千；半斗式秋千座椅，提供链锁保护使用者；乙烯基网兜（防滑的保护层，坚硬的水平杆）；乙烯基秋千锁链；坚硬的秋千座椅；无钢筋的秋千座椅（耐划）；缆绳组件；滚轴滑道。可使用可回收塑料结构，但在低容量游乐场中要加以限制，除非使用金属支撑进行加固。

项目提交时，若要对施工规划上所指定的游乐设备进行替换，则替换设施必须要适合所设计的游乐区。须提供施工图或目录删节以便最终确认。

所有的游乐设施都要根据厂家说明进行安装。施工文件要明确标明，游乐设施要尽可能在施工的最后阶段进行安装。

所有游乐设施基脚的顶部要在表面材料最终坡度以下30.5厘米，表面光滑，弹簧兽骨不包含在内。弹簧兽骨基础边缘斜面为45°或在螺母和焊接处使用裸露的膨胀锚钉将基础边

缘围成最小半径为5.1厘米的圆圈，位于最终坡度下方7.6厘米到15.2厘米。

钢质或铝质的游乐设施要使用静电粉末涂料进行涂色，或使用融合乙烯基涂层进行热镀锌，最小厚度在0.12毫米到0.18毫米之间。

11.5 游乐区排水及施工

游乐区域的路基要有坡，且该坡要面向所有游乐区域表面的地下排水系统（最小1.5%）。现场浇筑的橡胶表面的混凝土底基层要下水道口或污水坑呈至少1%的坡度。混凝土底基层路基要压紧至最低95%。

要为所有游乐场表面提供一个地下排水系统。该系统的设计要能够为游乐场每平方英尺区域内提供正压流动。在排水管道中的污水进入雨水渠之前的位置中设置一个清洁口。如果无法提供雨水渠，可考虑使用过滤管道或污水池。如果需要使用污水池，将其设置在游乐区的外部，尽可能减少排水岩石数量，以防儿童在挖掘和拉伸过滤纤布时或在维修游乐设施需要挖掘时，造成游乐场被浸湿。

沙地或木质纤维的新游乐区要包含一个混凝土道路，最少1.2米宽，在连续升高的地方对基础进行加深。沙地要低于相连铺路至少10.2厘米。木质纤维可以与建成的临近铺路齐平，或者最多低出10.2厘米。游乐场周围区域要有坡度，这样流水可以流向游乐场外部。如果游乐场内的墙体与马场相邻，该墙体的墙基部位要留有一个10.2厘米宽的混凝土割草边缘，远离墙体呈2%坡度。

游乐场周围要提供混凝土人行道，至少10.2厘米宽。铺设的人行道要延伸至与既有的混凝土边路或低墙相邻的位置。人行道在游乐场区外呈1.5%坡度。

11.6 游乐设施的安全标准

组装装备的平台要在超出76.2厘米高度的甲板上打出直径

为 4.8 毫米的钢孔 (防止从下方伸进的手指被上方划破, 并最大程度防止帽拉绳套在大型甲板开口顶部的滑道上), 表面进行防滑处理, 最大高度不得超过 1.8 米。低于 76 厘米的台阶和传输站要有较大的孔洞, 可以在轮椅通过时提供手扶功能。如果设备完全密封, 不会存在从较高的高度掉落的危险, 则甲板可以适当增高。不要在组件中添加隧和聚碳酸以及塑胶玻璃窗或面板。标杆的材质要为钢或铝, 直径为 1.3 厘米至 7.6 厘米或带有铝框的可回收塑料结构, 供 2 至 5 岁儿童使用; 直径至少为 12.7 厘米的钢或铝结构, 供 5 至 12 岁儿童使用。要为秋千配备直径为 1.3 厘米至 7.6 厘米的钢质或铝质标杆。标杆的材质要为铝或带有铝框的可回收塑料, 位于海岸或海湾 1.6 千米之内。

梯子的横档或攀爬栏要为圆柱形, 光滑, 根据当地消费品安全委员会的指导方针规定的尺寸制作。可使用防滑涂料。建议使用浅色的塑料爬杆脚扣 (黄色或棕褐色), 即使在沿海地区也同样如此。岩墙锁链可喷涂防滑重防腐涂料。

秋千为独立式, 至少有 4 根固定柱子, 柱子不要附着于复合结构上。秋千供两个不同年龄组的人群使用 (2 到 5 岁和 5 到 12 岁)。最好安装旋转秋千附件, 这样可以尽量减少缠绕在栏顶横木周围的链条数量。在支撑结构的每个排架间距之间悬挂的秋千数量最多不得超过两个。秋千下方表面最好使用加工好的木质纤维, 厚度至少为 2.5 厘米, 1.2 米 ×1.2 米橡胶垫, 15.2 厘米至 20.3 厘米深, 使用鸭嘴形的锚进行加固。如果没有足够的空间将木纤维和沙地进行至少 3 米的间隔那么可以将沙地和橡胶表面相结合。秋千锁链应为 4.0 标准尺寸镀锌钢 (锁链上不可施加乙烯基涂料)。

秋千提供的座椅要能够适合学前儿童 (凹背座椅) 和学龄儿童 (有安全带的座椅) 使用。如果有足够的空间, 则要为每个年龄组的儿童提供适合的秋千。在秋千不同的排架间距之间提供带有安全带的座椅和凹背座椅。带有安全带座椅的秋千要耐划。完全封闭的凹背座椅要是模压橡胶材质, 使用钢制品进行加固。不可以使用硬质座椅。不可以使用带有锁链的半斗式座椅。

秋千安全区内, 摇摆的中心线前后距离均为顶栏杆高度的两倍, 支撑柱和其他结构之间的净距离为 1.8 米。

滑道结构独立式和附着式滑道要为塑料致密物质材质做成的单块组件。滑道末端任何方向的甲板处都不得有大于 4.8 毫米的开口。建议滑道为浅色 (黄色或棕褐色), 即使在沿海地区也同样如此。安装厚度至少为 2.5 厘米、1.2 米 ×1.2 米的橡胶垫, 15.2 厘米至 20.3 厘米深, 在滑道出口处使用鸭嘴形的锚进行加固。楼梯和梯子两侧均要有连续的扶手, 扶手高度在能够使儿童直立在每阶台阶上即可。

滑道最佳朝向是朝北或东北。所有滑道出口均要位于带有安全区域的非密集区。

弹簧兽骨弹簧兽骨要为铸铝材质。弹簧兽骨只能安装在牢固的弹簧座或线圈上。

平梯/头顶手抓杆平梯横档要为 0.6 厘米至 2.5 厘米的镀锌钢, 横挡间隔 28 厘米。平梯最大高度要为 2.3 米。平梯最小高度要为 2 米。

过山车过山车最小高度为 2 米; 最大高度要为 2.3 米, 每端配备梯子。

安全区本书中标注的所有安全区均是根据最新的当地消费者产品安全委员会的指导方针所设定。

组装构件距地面或相邻梯级踏板的净高至少为 2 米。

要设置一个永久固定标志, 标出每个游乐场的适用年龄。标志中要声明必须为 2 至 5 岁的儿童提供监护, 并建议为 5 至 12 岁的儿童提供监护。引导标示可为一个嵌板, 安装在组装结构上。可以在初始安装时贴上贴纸, 来对永久引导标示进行补充, 但贴纸不应是指示年龄适用性的唯一方法。在安装完成之后, 要提供符合秋季表面要求的贴纸。

11.7 游乐场表面材料

可以使用的表面材料包括沙子、木质纤维、松散橡胶填充物或 30.5 厘米的橡胶铺路。如果在同一个游乐场使用了沙子和木质纤维或使用了沙子和松散橡胶填充物，则需要使用至少 3 米的铺路或橡胶表面将两者分隔开。

沙子要为进口的、清洁的、双遍冲洗过的、加工过的 #20 硅砂，无有害的有机物质，无肥土，无粘土和碎片，平均有效尺寸在 1.4 厘米至 1.7 厘米之间，平均均匀度在 1.00 至 1.54 之间。沙子必须和滤布及排水系统一起使用。深度至少为 30.5 厘米，厚度要足够，能够对降水起到缓和作用。

木纤维具有吸能特性的保护性表面，为游乐场设备制造使用。人造纤维粉碎木材产品（表面光滑或稍微粗糙，带有平头末端）要包含随机大小的木纤维，由软木组成但不仅限于软木，例如黄松、道格拉斯冷杉、云杉和 / 或白色松树。颗粒大小长度要在 1.3 厘米至 7.6 厘米之间，宽度不低于 1 厘米，厚度不得低于 0.2 厘米。至少 85% 的加工好的木材产品要有指定尺寸。应为无毒材料，无树皮，无有机材料。

松散橡胶填充物要满足当地消费者产品安全委员会对游乐场的要求条件。颜色要为黄色或棕褐色。橡胶要清洁干净，无纤维及钢质径向残余。深度要足够，能够对降水起到缓和作用。要提供无障碍通道斜坡。

咬合的橡胶铺路石 要满足当地消费者产品安全委员会对游乐场的要求条件。颜色要为黄色或棕褐色。铺路材料的接头处在扩张和收缩过程中不允许积存沙子和灰尘，类似于 Play Matt（知名度不同）。铺路材料可位于沥青或混凝土底基层之上，厚度足够，能够对降水起到缓和作用。

现场浇筑的橡胶铺路 所有橡胶铺路都要在混凝土底层上铺设。含双环戊二稀 (EPDM) 层厚度要在 1.3 厘米至 1.6 厘米。抛光层厚度足够，能够对降水起到缓和作用。增厚的颜色层要粘合进与混凝土铺路过渡区相连的表面内。与沙地游乐场相连的 30° 斜面要粘合进混凝土基底。

12 停车区

地区和城市运动公园、娱乐公园和滨水公园的停车区通常就地提供，包含抛光的及未抛光的预备停车区。所有正式的停车区都要按照规划方案提供足够的停车空间。区域娱乐公园根本上是"步入式"公园，一般在 500 米半径内满足当地居民的需求，因此只需要提供临街停车场。在对四周道路网和相邻区域娱乐公园的开发进行设计的时候，要考虑在可行的位置增加临街停车场。可以在公园前方预留出的道路内提供交错式停车位，并将其与街道景色和公园的设计整合在一起。鼓励在开发中减少车辆相互交叉位置的数量，例如通过后巷道进入，增加临街停车位数量。通过相连的道路和小路网将城市区域内的带状公园相连接，不要求提供现场停车区。

12.1 标准要求

标准体育公园设计指南要求对停车区提供下列内部停车设施。

12.2 可选方案举例

可提供一系列的停车可选方案。但必须要适应表 6 中给出的峰值负荷。可选方案中可通过将停车区进行分离来避免出现大型的"贫瘠的"停车区，进而可以为公园内的不同节点提供停车服务，城市娱乐公园、运动公园以及滨水公园首选这种方案；在当地市议会认为四周街道网有足够的停车区间的情况下，可以将一些停车区用作临街区；通过增加固铺草区上的预备停车位的数目来对停放车辆的硬质地面进行缓解。[2]

表6

公园类型	表面（铺路及标线）	预备停车位（加固的铺草区或其他）
城市运动公园（高峰期 500 辆）	250 辆轿车和 4 辆厢车	正式公园区附近 250 辆轿车
区域运动公园（高峰期 150 辆）	100 辆轿车和 4 辆厢车	正式公园区附近 50 辆轿车

12.3 其他要求条件

- 停车区的位置要与带有单独车道入口的主要设施的周边相临近或与主要设施相连，以此将内部道路网最小化。
- 停车区必须要有通向主要设施的入口，并且为行动不便的人群提供方便。
- 城市运动公园要提供自行车停车位。
- 只有在保证交通循环系统正常和安全性能的前提下才能够考虑为多个停车节点提供单独的街道入口，且必须要提供适当的标识说明。
- 要对可能存在的需求数目进行计算，以便在所提供的场地数目低于所需求的数目时进行方案补充。[1]

根据 R 值情况以及项目经理对铺路的建议，在施工方案上给出运动公园停车区的路面区。要对公园停车区进行岩土工程测试，根据结果为公园停车场和所有车辆入口通道提供一个路面区。分段和标记使用的喷涂材料要符合当地环保材料规范。为了缓解车流量过多的情况，在停车区提供备用车轮站，或者提供宽度至少为 1.8 米的混凝土道路以便在车辆停放时依然可以使用割草机。

13 灌溉

13.1 基本要求

根据水资源保护标准并使用相关设备对灌溉系统进行设计。要根据准确的压力情况对灌溉系统进行设计，灌溉系统要能够对整个场地进行高效均匀地灌溉。灌溉系统的设计也要有足够的余压，水流情况要能够适应现场情况、场强跃变以及无法预料的日后需求，如果是分阶段的项目，则还包括可预料的日后需求。

大多数运动公园而言，有两个主要因素：
1. 确保灌溉系统的设计要满足运动公园对所需操作的时间限制；
2. 灌溉系统必须有足够的水量，能够在水量最高需求月份达到蒸散率（ETO），且要满足下列要求标准：每周 4 天，

8 小时灌溉窗，下午 10:00 至清晨 6:00（美国圣地亚哥时间）。[3]

对于带有娱乐运动场地的运动公园而言，灌溉系统的设计要能够使用灌溉窗在运动场休闲时间内对整个场地进行灌溉。灌溉系统必须要能够使用一个 8 小时灌溉窗对整个场地进行灌溉。这一灌溉循环必须能够在夏季峰值情况下提供所需的水量，之后连续两天无需供水。对于大多数运动场而言，通常要求场地在周五或周六晚上无需灌溉，以方便社区居民在隔天早晨进行使用，因此设计灌溉系统时，必须要能够在一个夜晚提供 3 天的灌溉量。在此情况下，加长灌溉时间也无法提高灌溉效率。

在已经开发的区域，余压要为所需操作压力的 15%，在未开发的区域，余压要为所需操作压力的 25%。运动公园的球场灌溉系统要与其他草坪区分隔开。

灌溉线路要水平布置（与斜坡平行），以此来降低单向排水及压力损失。灌溉系统的设计以及灌溉材料的选择要符合灌溉补充规范，要在方案中给出。

图 15：使用临街区域和铺草预备区作为停车混合方案

注：停车设计仅供参考。要根据 AS2890.1 对街外停车进行设计。

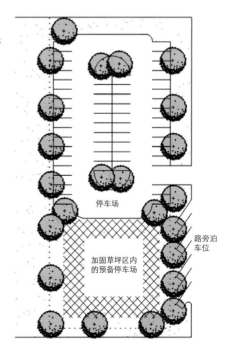

13.2 再生水

如果项目要求使用再生水或未来的再生水灌溉产品，则在进行灌溉系统的设计时，要对适当的水区进行确认。所有地平面以上的灌溉设备均要求使用紫色作为整体颜色，并在所有材料上标明"再生水，不可饮用"；不可以使用紫色涂料。要为再生水灌溉喷头配备紫色喷头盖。

使用带有不锈钢零件的铸铜球阀进行交叉连接测试，截止阀带有 1.9 厘米的阴螺纹，要安装在带有铸铁锁盖的混凝土阀门箱内。

水表大小最大为 5.1 厘米。如果灌溉系统的服务规模较大，则需安装水表装置。要为灌溉系统和家庭用水分别提供电表。电表的最佳位置位于灌木区或地被植物种植区内，而非位于草坪区。根据市政规范，必须提供一个减压回流防止阀。安装时要在混凝土底板上使用不锈钢围护隔板（无锋利及尖锐的边缘）。

13.3 灌溉控制器

要为草坪、灌木以及地被植物种植区提供自动灌溉系统。控制器安装位置要经过项目经理的批准。最佳位置是位于公园内部，位于公厕的娱乐储藏室内。

所有带固定支架的灌溉控制器均要安装在混凝土底板上的不易碎的、耐风雨的、不锈钢的围护挡板内。所有固定在外墙上的灌溉控制器均要安装在不锈钢的围护挡板内。要为每个控制器配备雨水自动关闭设备。

灌溉控制器必须具备开关和插座。要安装混凝土分线箱，在进入控制器围护外壳之前将 110 服务弯曲打成环状。所有新的控制器均需带有听筒塞孔，作为未来中央控制系统的一部分。

调压阀

如果在施工时静压超过 85psi，则需安装调压阀。调压阀要成直线，位于地下，位于倒流防止设备 3 米内。

主控制阀门及流量传感器设备

主控制阀门及流量传感器设备是在倒流防止设备和调压阀之后的"正常断开的"主控制阀门。需要单独接线，要在控制器处设有单独控制站。流量传感器设备要位于主控制阀门的下游。要按照厂商建议进行安装。所有从干线到阀门箱的过渡都要进行 45° 耦合。

隔离阀

在恰当的位置沿着干线提供隔离阀，以此来将灌溉系统分为可控的单元，在未来系统的残端处，在穿交叉延展铺设路面之前，在每个遥控阀或歧管处，为每个快速耦合器均配备隔离阀。所有隔离阀均为青铜球阀，除非管道尺寸超过 10.2 厘米，则可以使用青铜闸阀。要为所有干线设备安装管道尺寸的球阀。为所有遥控阀或阀箱安装与遥控阀大小相等的球阀，或者在集合管内安装最大型号的阀门。为快速耦合器安装 2.5 厘米的球阀。

遥控阀

遥控阀最大尺寸为 5.1 厘米，最大流量为每分钟 0.1 立方米。遥控阀要安装在阀箱内可以安装的地方（每个球阀最多 4 个遥控阀）。为每个遥控阀配备单独的内箱。在多功能场地，将遥控阀沿着围栏放置，位于场地之外。所有其他的遥控阀均要尽可能位于灌木或地被植物区。不可以使用塑料阀。

快速耦合器阀

快速耦合器阀为 2.5 厘米的锁定胶皮筒覆盖快速耦合器提供了一个 2.5 厘米的球阀。与快速耦合器阀相连的干线管道最少 1.3 厘米至 2.5 厘米。所有快速耦合器阀均要安装在灌木或地被植物区内。

灌溉盒

所有灌溉盒均为混凝土结构，带有一个铸铁的带锁顶盖。灌溉盒的最佳位置是位于与人行道相邻的灌木或地被植物区内。遥控阀的灌溉盒要彼此平行放置，与相邻的铺路或混凝土小路相垂直。承包方要在阀门盒外壳上喷涂上阀门盒识别号。喷涂为白色或黄色，使用 100% 环氧丙烯酸防水涂料。

灌溉喷头

喷涂覆盖为所有草坪、灌木以及地被植物灌溉喷头提供喷头覆盖。所有喷头的间距要为覆盖区最大额定直径的 50%。

过度喷射要对灌溉喷头进行安装和调试，避免过度喷洒到建筑、人行道、游乐设备上等等。

止回阀 / 流量限制阀每个灌溉喷头均要配备一个止回阀 / 流量限制阀，安装在磁头组件的立管上，不受海拔变化的影响。

弹出式喷头的位置位于"可接近区域"或容易损害的灌溉喷头要配备弹出式喷头，需经过当地城市项目经理的确认。所有与人行道、路边、体育场停车区或行人可以进入的领域直接相连的喷头都要配备弹出式喷头。

草坪喷头这些喷头应为弹出式喷头或转子。弹出式喷头要有一个 10.1 厘米或 15.2 厘米高的立管，高度取决于草坪类型和割草高度。弹出式转子要有一个 10.1 厘米高的不锈钢立管。

灌木或地被植物喷头弹出式喷头要有一个 15.2 厘米或 30.5 厘米高的立管，取决于相邻的灌木或地被植物。固定喷头要位于 15.2 厘米至 30.5 厘米高的立管。

喷水头根据详细情况在草坪区为每棵树设置两个喷水头，根据树木情况对灌木和地被植物区设置两个喷水头。喷水头要位于一个单独的阀门上，与其他灌溉喷头分开。

沟渠

不允许在不同区域之间使用相同的沟渠，不可以存在不兼容的使用情况。管道不可直接上下重叠安装。在平行的管道之间至少有 5.1 厘米的水平间隙，进而可以接近所有管道。

警示胶带至少 7.6 厘米宽，整个胶带要沿着所有恒压主线管道和低压电线连续无间断粘贴。胶带在最终斜坡下方 30.5 厘米处的沟渠内粘贴。要在包含有低压控制导线的主线沟渠内并排安装沟渠标志胶带。

13.4 管道系统

所有的系统均要能够在水流速度不超过每秒 1.5 米的情况下操作。PVC 管道直径最少为 1.7 厘米至 2.5 厘米，带有 Sch. 40 配件。任何直径超过 5.1 厘米的管道均要为 315 等级的 PVC 管道，带有 Sch. 80 配件。7.6 厘米及以上管道的配件要通过溶剂焊接。

非受压侧管要为 Sch. 40 PVC 管，带有 80 个配件。如果喷头入口为 2.5 厘米，则无论喷头为何种类型，所有的末端管道尺寸最小要为 1.9 厘米或 2.5 厘米。只有经过运动公园设计经理的批准才可使用地面管道。

套管

要为所有塑料灌溉管道及铺路下方电线配备套管。套管要超出上方铺路表面最少 30.5 厘米。所有灌溉管道的套管要为 Sch. 40 PVC 管道，直径为密封管道直径的两倍。

所有电线的套管要为 5.1 厘米的 Sch. 40 PVC 管道，除非电线束直径超过 2.5 厘米。指定套管尺存，根据该尺寸来获得管道尺寸，直径为电线束的直径二倍。

线路

至少要有两个备用控制电线沿着每个主线分支一直延伸至最远的阀箱处。将额外电线捆绑并粘贴 3 米，安装在阀箱附近的一个分线盒中。要对所有控制电线进行彩色编码。

在低于 152.4 米的线路上不允许存在接头。高于 152.4 米的线路上可以使用经过检验的接头装置进行接头，焊接，安装进混凝土分线盒中。

14 植被

14.1 基本要求

植被的设计要适合于场地条件和气候条件，要提高运动公园的美观，并提高运动公园使用者的体验。

所有植被的种植位置要能够允许灌溉系统的正当运行和机械化维修设备的有效使用。植被位置和空间要允许植被的正常生长，不会过度拥挤或耽误修剪。灌木、地被植物以及树藤要与人行道相距直径一半的距离。

要对坡度大于 41、高度高于 1.5 米的斜坡重新种植物。

所有运动场停车区至少要提供停车区 5% 的面积作为景观区。在运动公园停车区内，每个停车区 9.1 米范围内要提供一个 61 厘米的黄杨树。所需的树木要位于景色区内，至少 3.7 平方米。与穿越道路相邻的公共运动公园停车区域要提供一个 76.2 厘米高的屏风。如果所选的植被能够在两年内一直提供一个 76.2 厘米高的屏风，则可以使用植被作为运动停车区的屏风。需要在运动停车区内提供限制区（最少 5 厘米）来保护所有景观区。

草坪区的植物要间隔开，以便对机械化维修设备进行最有效利用以及对灌溉系统进行最有效的操作。运动公园内的树木和其他车辆之间要有 4 米的水平距离。种植在草坪区的所有植物的树干底部与草坪区的边缘之间要有一个 60 厘米半径的非草坪区。树干周围 60 厘米半径的非草坪区内要有一个 60 厘米的覆盖层，防止长草。树冠处不要有覆盖。草坪区不要有浓密的树林，或在树林下方提供连续的树皮覆盖物表面。

在获得当地城市项目经理的批准后，可在运动公园内及沿着运动公园周围建筑种植观赏灌木床。与建筑墙体相邻的灌木或藤蔓的高度要低于建筑高度，以防遮挡视野。在所有灌木区提供一个 60 厘米的碎片树皮覆盖层。

要在三角形空间内种植地被植物，彼此相距的距离一般要能够保证种植一年后 100% 覆盖。草坪用于进行休息和娱乐使用。草坪区域的大小和构造要能够允许对机械化维修设备进行最有效利用，并降低草坪的修边处理。不建议建造小型的装饰性的草坪区。

未种植区域必须覆盖 60 厘米厚的碎片树皮覆盖层。

与沿岸悬崖相邻的植物体要为本土植物或归化植物，以降低初始种植后的灌溉需求。要将需要定期灌溉的既有外来植物和其他植物体移走，用本土植物或归化植物体进行替换。

14.2 植被选择

植被的种类要是那些相对无疾病无害虫的植物，无需过多修剪，就能够保持安全、具有吸引力的状态。运动公园和娱乐部门有权禁止任何一种需要额外维护的植物，由于以下原因但不仅限于以下原因：疾病、害虫控制、根部发展出现问题、最终的尺寸问题以及生长习性问题。不可种植非本土的入侵植物，除非经过运动公园和娱乐部门的批准。

要选择能够连续生长的树木，提高场地的唯一性，提供遮阳和季节性趣味。为了能够持续生长，需要将快速生长的树木和慢速生长的树木进行均匀混合（即将刺槐树和橡树相混合）。为了提高场地的唯一性，所选择的树木种类要能够营造一种场地感（即在海滩的位置种植棕榈树或在内陆地区种植无花果树）。为了提供遮阳和季节性趣味，要将常绿树木和落叶乔木平均混合种植。

要使用与当地环境相兼容的耐旱植物或本土植物，以促进节约用水，降低维护成本。

最佳的草坪种类是耐干旱的草坪，全年保持绿色。

所有未灌溉的种子只能在十月份至二月份之间种植（在温带大陆性气候区）。

14.3 种植标准

园艺土壤适宜性测试顾问要获得一份对现场土壤进行的园艺土壤适宜性测试结果，将测试结果和所给建议与施工方案和规格进行整合。测试结果中要确定土壤类型和改良剂的比例，是否需要溶浸，以及后续维护的要求条件。

树木立桩要对树木进行立桩。

根障 位于人行道、墙体等12.7厘米之内的树木要安装根障。根障要临近人行道或墙体安装，不要围绕着团根安装。根障的长度要从树干起双向至少3米，61厘米深。根障要由棱条组成，聚乙烯材料，厚度至少为2厘米。

树池格栅 格栅要带有可扩展的中心开口，必须满足残疾人的需求。不可使用混凝土树池格栅。

草坪 播种的草坪区域要在验收前有120天的发芽期/成林期，草皮要在验收之前有90天生长期。

15 照明

15.1 设计基本要求

所有设计都要符合当地城市要求条件，包括但不限于，交通信号和街道照明。照明设备位置和种植植物位置要相整合，以防成熟时期的植物遮挡照明。

外部照明设计

在设计阶段，设计师要为运动公园项目经理提供点对点图纸，给出游乐场表面的照明度，所有方向均超出规划表面45.7米。要使用图纸对散射照明的总量或游乐区外部光侵扰进行验证。

内部照明设计

内部运动照明系统要考虑使用管式天窗，减少白天的灯光使用。设计师要对体育馆体育照明系统进行评估，其中包括脉冲启动型金属卤素灯和多用镇流器荧光装置。

在所有照明系统的设计中，设计师要考虑到使用感应开关和自动照明控制系统来控制照明。照明系统要包括但不限于自动照明控制、日光控制、可编程照明控制器，将照明能耗降至最低。

外部照明散射和眩光要求

所有外部照明系统均要有内部反射镜，降低光照污染。所有

安全照明和停车场灯杆照明要中断。另一个例外情况就是运动照明；这种类型的照明要为1,500瓦金属卤素灯。所有照明系统均要使用内部反射镜和外部百叶窗来降低照明污染。

地下管道要为Sch.40PVC管，最小尺寸2.5厘米。地上管道要为镀锌的、硬质的钢管。与人行道相邻的管道要与人行道平行安装，超出人行道边缘15.2厘米。

在可能的情况下，分线盒要位于人行道或混凝土区域内。分线盒必须要离所有排水入口至少3米。当灯杆相距多于15.2米时，要为每个灯杆配备分线盒。要使用螺栓压紧加固。所有位于草坪区域的灯杆底部均要设置混凝土草坪修剪 限定。

要将灯杆和灌溉喷头的布局相协调，达到充分灌溉覆盖率，避免喷射到灯杆。所有灯杆的底部锚定螺栓和螺母均要灌浆覆盖。要安装厂商提供的金属侧支索。在每个灯杆基底处提供一个小型套圈保险丝。室外照明设施要嵌装并安装在带锁的不易碎围护内部。

区域城市维护卡车必须能够接近所有的灯杆，以便进行换灯和维护。要使用安装在卡车上的吊杆对新灯进行安装。一个典型卡车的重量为12吨，承力外伸支架可延伸至4.3米。要设计新的铺路和人行道，以便维护卡车进入和作业。所有软件需要更改时间或地区。

15.2 安全照明

要为所有运动公园沿着人行道和运动场区域设计安全照明（在可能的情况下，在建筑墙体上安装安全灯）。沿着人行道和运动场区域设置的安全照明强度不得低于15.2厘米烛光，照明率均为6。

折射镜要紫外线性能稳定，为亚克力棱镜，或聚碳酸酯材质。悬臂式灯具要为滑动式。每个灯具均要使用扭锁式光电管进行单独开关控制。要使用定时器对照明电路进行节能控制，这样每个系统都可在设定的时间后关闭。

15.3 多功能球场照明

照明要满足该场地所提供的最高技能水平的娱乐活动对照明的需求。照明的设计要使用最少数量的灯具，在达到指定的照明强度的情况下使用最少的能耗。尽可能降低散射和眩光。必须在方案核查阶段提供光度数据和照明强度计算结果。

网球场

50 英尺烛光——球网处测得。
30 英尺烛光——基线处测得。

篮球场 / 排球场

如果提供照明，整个场地的照明水平要均衡。最佳照明为最低 30fc。

网球场及多功能球场的照明开关

要使用"开启"开关对运动照明进行控制，通过一个定时器启动，定时器要在一个设定的时间之后关闭照明。与当地城市项目经理一起对场地所有照明设备进行验证。每个网球场都要单独照明。要在每个网球场临近位置安装单独的"开启"开关。

多功能球场照明开关

多功能球场照明开关要通过一个开关进行控制，该开关位于一个单独的可上锁（挂锁）的不易碎围护内部。通过一个定时器启动"开启"开关。时钟可在预定时间关闭照明。每个垒球场和足球场的照明要为分开的独立系统。不可使用三个以上的灯杆继电器开关（接触器），不可使用任何其他高热值交换机。

多功能球场及运动场灯杆标准

灯杆最高 21.3 米。场地灯杆要位于游乐区的围栏之外。

表 7

		水平	垂直	均匀度
足球场	娱乐	20 fc	15 fc	3.0 最大至最小
	业余爱好者	30 fc	25 fc	2.0 最大至最小
垒球场	内场	30 fc	25 fc	3.0 最大至最小
	外场	20 fc	15 fc	3.5 最大至最小
棒球和小型棒球场	内场	50 fc	40 fc	2.0 最大至最小
	外场	30 fc	25 fc	2.4 最大至最小

照明（不同于游乐场）

提供照明以确保在日照时间之外依旧可在公园内从事适当的娱乐活动。通过使用公园照明区来对公共公园环境进行设计，能够增加监管，有助于防止犯罪行为的发生，降低该区域内不恰当行为的发生，并降低了人们在日照时间之外对其他区域的使用。

照明标准要求（不同于游乐场）

在城市运动公园和娱乐公园以及地区运动公园中，为所有内部道路、停车区以及主要人行道提供照明。

在地区娱乐公园中，为主要人行道提供照明。

可选方案举例

在公园内，为主要人行道提供照明，或者为工作时间后使用园内娱乐节点提供照明，或者为需要足够照明以确保安全的设备和设施提供照明。

可选方案的限制条件

- 照明要仅限于公园或公园一部分使用，不要造成有害的影响（例如，对居民造成灯光干扰或噪音干扰，或导致了公园的不恰当使用）。
- 在公园内照明不足且没有额外照明进行补充的情况时，务必要确保该区域的安全。

- 照明必须准确安置，使用受控，并且要是屏蔽的，以此避免对附近居民带来干扰。[1]

16 公共设施

16.1 基本设计标准

城市运动公园

- 与主场、椭圆的场地或运动场相邻的观众设施要提供一个凉亭或路堤 / 分层的座位（树木遮阳或结构遮阳）。
- 俱乐部（涂漆 / 涂色的砌块建筑，带有圆形屋顶，包括两间更衣室、急救室、裁判休息室、会议室、餐厅、存储室以及带有五个小隔间的公共设施（男女皆宜，适用于残疾人），每个隔间配备卫生间及面盆）。
- 陆地雨水不可对设备造成危险，不得增加对球垒或游乐场的侵蚀风险。
- 独立的公共设施，带有五个小隔间（男女皆宜，适用于残疾人），每个隔间配备卫生间及面盆。

区域运动公园

- 沿着场地或运动场周边设置观众设施或种植指定种类的庭荫树。

图16：运动公园可使用的遮阳处理方案

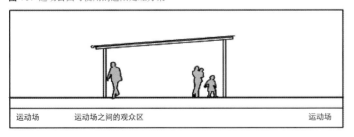

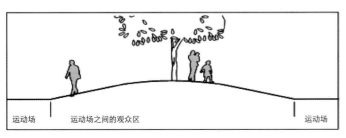

- 俱乐部（涂漆 / 涂色的砌块建筑，带有圆形屋顶，包括两个更衣室、急救室、会议室、餐厅、存储室以及带有五个小隔间公共设施（男女皆宜，适用于残疾人），每个隔间配备卫生间及面盆）。[1]

16.2 可选方案举例

观众设施遮阳

- 多功能小型建筑，能够清晰地看到主要游乐区的情况。
- 一系列种植遮阳树木的土堆，或斜坡区，或带有树荫的阶地，可看到竞赛区的情况（参见图16）。

俱乐部和选手设施

- 为竞赛者和裁判员提供更衣区和卫生间，额外提供一个共享（多用途）的会议室，存储室以及一般使用空间，同样为裁判员使用或在竞赛过程中用作急救室，与更衣间和卫生间分开，作为一个单独建筑。
- 在一个单独建筑内形成一个"设施中心"，提供卫生间、更衣室、会议室、凉亭 / 食堂以及其他空间。[1]

16.3 其他要求

所有建筑必须符合建筑规范和条例。

- 提供足够的观众席遮阳，每个场地至少 40 平方米，每个运动场至少 25 平方米。
- 建造的遮阳设施要无需太多维护保养，并符合所有城市设计指南或风格指南。
- 选手的位置以及观众的位置必须要位于游乐场的中央，其设计要能够满足多用户使用需求。[1]

17 特许区

为了能够举办活动并为大量人群提供个人可支配性服务，需要在城市运动公园内部提供"特许区"。

17.1 标准要求条件

三个铺路的特许区（每个区域的公称面积为 5 米 ×8 米），与活动区域临近的内部道路相连，或延展至停车场。[1]

17.2 可选方案举例

可考虑的可选方案包括：

- 可选的硬化处理，例如使用底土加固来代替铺路／道路。
- 提供基本的凉亭区和厨房区，作为娱乐中心的一部分，在运动项目举办期间，食品／产品销售商可支付现时租金来租用。
- 在停车区内或附近标明出预留作为特许区的指定空间。[1]

17.3 可选方案的限制条件

- 在任何一个特许区 10 米范围内均要提供电源和水源。
- 场地要提供安全的使用者入口，不要与车辆的进出发生冲突。
- 在提供了停车场地的情况下，特许区场地不要对停车场地的安全运行和功能造成不利影响，需要对停车区进行一定程度的维护。[1]

18 滑板公园

18.1 滑板公园类型

城市滑板公园是面积最大高度最高的滑板公园（±1,800 平方米）。位于中央位置，吸引这个城市的使用者前来游玩。城市滑板公园要能够供各种技能水平的使用者使用，但着重提供给中等技能水平到高级技能水平的使用者使用。

地区滑板公园（±900 平方米）要比城市滑板公园面积小一些。理想情况下，地区滑板公园位于地区公园内以及／或者位于社区中心附近，能够吸引城市更多区域的使用者前来游玩。地区滑板公园要能够供各种技能水平的使用者使用。

邻里滑板公园是面积最小的公园（±200 平方米）。这些滑板公园是可以步入的公园，要专注于初级滑板运动员，并只服务于滑板公园所在的社区。邻里滑板公园会根据需求而定，逐个社区进行。[1]

18.2 滑板公园设计

场地选择

滑板公园被认为是一个类似于户外篮球场或户外网球场的一个能够提供公共娱乐设施的场地。如有可能，要将滑板公园的开发与大型公园开发项目整合在一起。所处位置要能够为服务区内的目标使用者提供服务。所处位置要方便目标使用者进入。在服务区内必须要有足够的使用者，来保证滑板公园的顺利开发，其中年轻使用者的数目要达到 5,000 人或在 5,000 人以上。附近必须要有公共便利设施，以供滑板公园使用者使用。所需的便利设施包括公共交通、入口、树木和

图 17: 特许区内的汽车停车场和加固草坪区

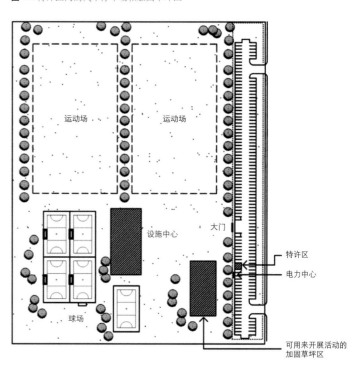

注：停车设计仅供参考。要根据 AS2890.1 对街外停车进行设计。

34

要在合理的距离范围内提供洗手间和停车位。可选的便利设施可包含社区中心。如果所需的基础设施存在缺陷，则要有能够建造所需的辅助基础设施的条件（空间和资金）。

滑板公园要与既有社区和其他公园的使用以及整体区域特色保持一致。所指定的公园是一个地区公园以及／或者包含一个社区中心。如有必要，提供与临近的以及／或者其他公园的使用、景色等等不相容的缓解措施（也就是说，滑板公园设施设计，提供至少30米的距离）。

涂鸦

目前政策和实践对滑板公园的涂鸦进行限制。这些规章制度更新后对涂鸦采取"绝不容忍"的处理标准。此类涂鸦将从滑板公园刻意清除。符合当地城市公共艺术政策的涂鸦形式允许在滑板公园出现。

设计咨询

在对任何一个滑板公园进行设计或者对任何一个既有的滑板公园进行扩建时，要咨询滑板社区和其他利益相关者。

对于任何一个新建的或扩建的城市滑板公园及地区滑板公园而言，要考虑为其提供独特的滑板公园组件。尺寸、规模以及相邻滑板公园的设计会根据位置的不同而不同，取决于社区的需要和场地的兼容性。

一个滑板公园和一个私人住宅之间的最小距离为30米。一个滑板公园和运动公园里其他娱乐设施之间的最小距离为15米。要能从一条或多条公共街道上可以看得到滑板公园。[2]

参考文献

(1) 澳大利亚，伊普斯威奇

《伊普斯维奇市议会（澳大利亚）实施指南》第 27 项：公园装饰带来的娱乐范围与时机指导
www.ipswichplanning.com.au

(2) 英国，伦敦

《户外滑板公园实施战略》
www.london.ca

(3) 美国，圣地亚哥

《公园设计与开发顾问指南》
www.sandiego.gov

圣基尔达运动区

项目地点 /
澳大利亚,圣基尔达
项目面积 /
1.8 公顷
建成时间 /
2012
景观设计 /
CONVIC 设计公司
委托方 /
飞利浦港市

滨海保护区滑板场位于圣基尔达的 Marine Parade, 距墨尔本市中心约 10 公里(6.2 英里)。滨海保护区是一片毗邻圣基尔达码头的三角形开放空间, 紧靠圣基尔达码头, 南面是海滩。设计过程包括大量的社区咨询、反馈, 解决由于黄金位置的发展引起的争议项目, 以及环境地点约束。

设计团队响应当地居民和公园用户的需求, 将宽广的圣基尔达码头改造成中枢点和公园用地, 重振毗邻圣基尔达码头的这片荒凉空地, 为这片区域带来一线生机。通过为持续的团体和步行者活动创造的中心枢纽, 该土地遗迹的转变已经获得了成功。该空间主要为社区的年轻人提供服务, 鼓励他们到这个海滨旅游圣地度假, 并沿着空地周围设置环形的步行道, 同时步行道还与海湾、码头以及周围街道相连。

这块空地是除菲利普港市持续发展的圣基尔达海滩之外最新的开放性空间。圣基尔达滨海保护区滑板场将随着兴趣、需求和趋势的变化而发展, 并将为未来一代又一代的年轻人提供一个全能和综合的场地。受托于菲利普港市, 滨海保护区滑板场项目的这一阶段已成为 2009 年的主要计划, 并将于 2013 年 2 月对外开放。菲利普港市决定滨海保护区滑板场来振兴滨海公共开放空间, 使之成为更有魅力的设有滑板设施的社区休闲环境。

滨海保护区滑板场是所有人的滑板场, 集中于无组织被动的和主动的娱乐并适合各个年龄段的团队、技能以及能力。它作为一个中枢性的开放空间, 蕴含着圣基尔达广场的活动节点。

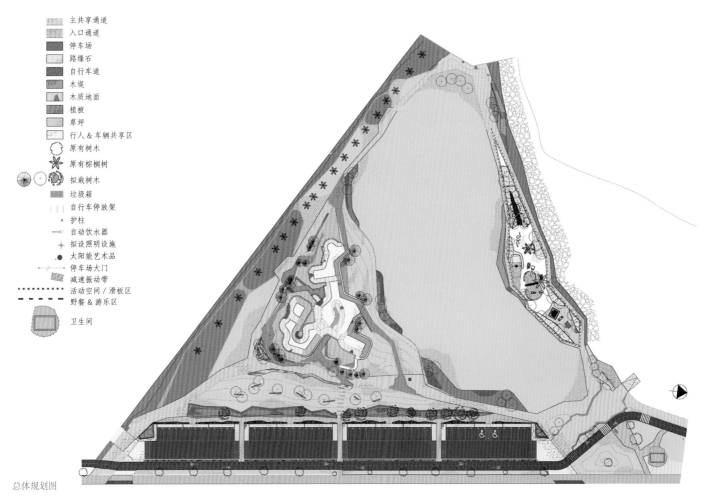

主共享通道
入口通道
停车场
路缘石
自行车道
木堤
木质地面
植被
草坪
行人 & 车辆共享区
原有树木
原有棕榈树
拟栽树木
垃圾箱
自行车停放架
护柱
自动饮水器
拟设照明设施
太阳能艺术品
停车场大门
减速振动带
活动空间 / 滑板区
野餐 & 游乐区
卫生间

总体规划图

01–03
/ 圣基尔达滑板公园航拍图

这个公共开放空间聚焦在一个高度变形、颜色和流体滑板设施上。滨海保护区滑板场的设计在于角状和三方位视野的现场,创造了一个充满魅力和热情的开放空间,放大海湾海滩的魅力并迎合社区广度。

实现社会可持续性的渐进方法使我们认识到,为年轻人提供组织化运动和教育以外的场地至关重要。圣基尔达滨海保护区滑板场就是一个非常好的例子,创造一个中心的、亲民的公共开放空间,提供一系列适合所有年龄段的、主动的、被动的社会追求,并能够适应时间的推移满足年轻人不断发展的利益和需求。

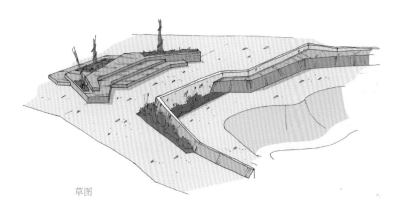

草图

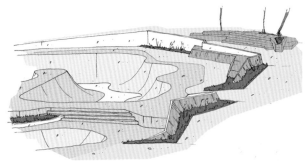

04
/ 滑板区航拍图
05–07
/ 当地居民喜欢在公园内开展体育
活动

法国布兰登公园

项目地点 /
法国，里昂

项目面积 /
20 万平方米

建成时间 /
2013

景观设计 /
BASE 景观设计 + Explorations 建筑设计 +OGI+ON+CSD

项目预算 /
2,300 万欧元

摄影 /
布鲁斯·比克 (Bruce Buck)

该项目位于法国里昂的市中心，这里在 1830 年之前曾是布兰登长官的兵营，之后便慢慢地沉寂了。可喜的是，在 2013 年这里又重新面向公众开放，不过是以布兰登公园的身份与大家见面，这里已然成为了一个崭新的公共场所，占地面积约为 20 公顷。

该项目的规划和设计需要将当地的军事历史、植物和城市美化、运动和游乐设施等方面考虑在内。设计团队对中央防御工事周围的战时堡垒进行改造。新的探索、逃离和会面空间内可以与场地历史产生共鸣的植物、练兵场和堡垒如今都有了特定的功能。

该项目的一期工程是将施工场地打造成里昂第三座城市公园，并已于 2013 年交付委托方。市民们可以在这座公园内开展各种运动和游乐活动。设计团队将历史遗迹和现代设施融合在一起，打造出这个奇异的空间。空间内的滑板场、游乐场和运动场依然面向公众开放。练兵场是一片占地 1.6 公顷的公共空间。这片区域位于大学校园的前侧，由于有轨电车 T4 途径此地，这里迅速成长为新的社会剧场、会面场所和自发集会场所。

01

① 城堡
② 堡垒日光浴室
③ 中央草坪区
④ 堡垒属性
⑤ 缓坡
⑥ 滑板公园
⑦ 羽毛球场
⑧ 哈雷区
⑨ 迷你足球场

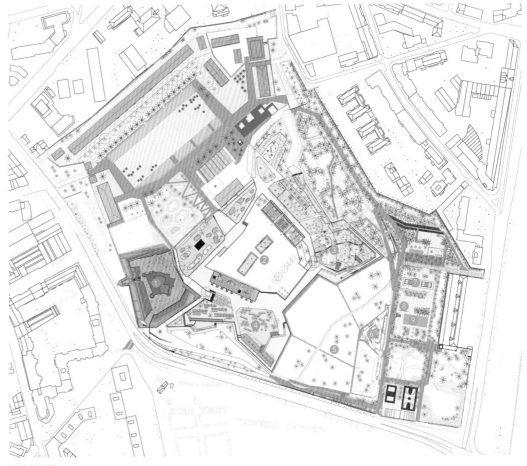

总体规划图

01
/ 布兰登公园全景图
02
/ 乒乓球场

07

08

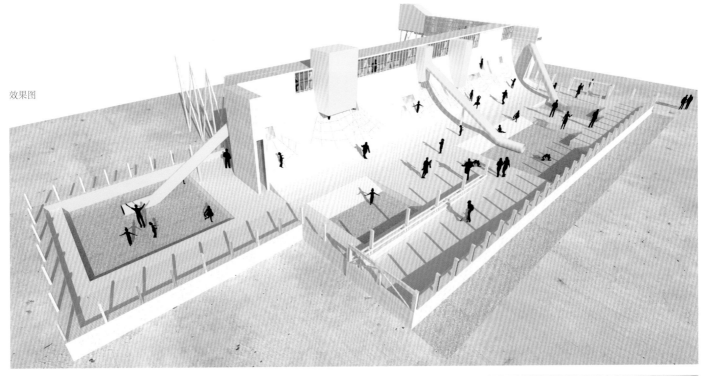

效果图

07–08
/ 为各年龄段儿童准备的攀岩设施
09–10
/ 为儿童准备的安全性极高的木质
  设施

Chinguacousy 运动公园

项目地点 /
加拿大，宾顿

项目面积 /
3470 平方米

建成时间 /
2012

景观设计 /
**MacLennan Jaunkalns Miller
事务所**

项目预算 /
1,465 万美元

摄影 /
沙伊·吉尔 (Shai Gil)

委托方 /
宾顿市

获奖 /
**体育商业运动展示设施优秀设计奖
安大略建筑协会设计优秀奖
宾顿市城市设计优秀奖**

Chinguacousy 公园重建项目由滑雪场、室外排球综合设施、滑板自行车越野赛公园新建项目、网球 / 冰壶俱乐部翻新项目、带有公园水道的新建公园基础设施和舢船亭组成，这些新设施均与新建园林绿化带和行人通道系统相连。Chinguacousy 公园是安大略省宾顿市的一个城市地标，这里集合了众多的公园活动，是当地居民休闲锻炼的好去处。公园重建的目标是打造一个可以开展为期一年休闲活动的温馨社区中心，并将公园改造成带有美观的室内和室外空间的场地。新设施的设计采用了统一的造型和材料。每栋建筑都修设有可供人们俯瞰公园活动的露台和遮荫棚，同时还可以强化室内外空间的设计意图。

新设施是巨大公园系统中最核心的内部结构。设计团队试图打造一个现代化的公园，并让园内建筑与各个区域紧密的联系在一起。可持续性元素包括每栋建筑的天然采光设施、可以淡化室内外空间界线的悬壁装饰和室内外空间设计采用的可回收材料。高效的机械电力系统、能源管理控制系统和反射屋顶系统的应用是建筑的特色所在。公园水道区内的所有建筑均配设有雨水滞留系统。网球 / 冰壶设施则被设置在现有的冰球场地内。

小木屋和网球 / 冰壶设施不仅为公园带来了商机，还为公园增添了室内活动项目和特色园区。公园基础设施和舢船亭不仅为公园未充分利用区域增添了新的设施，还可以为游乐场和野餐区提供支持。可以这么说，重建项目提升了 Chinguacousy 公园在建筑设计和服务上的质量。有了这些新的核心元素，新建设施及公园的未来发展将充满无限活力。

01
/ 滑板公园和木屋俱乐部
02
/ 自行车越野赛公园和木屋俱乐部

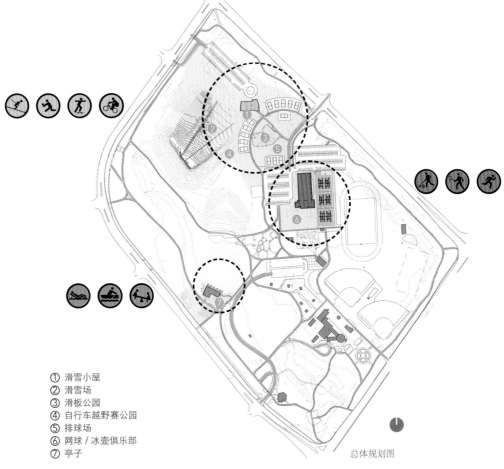

① 滑雪小屋
② 滑雪场
③ 滑板公园
④ 自行车越野赛公园
⑤ 排球场
⑥ 网球／冰壶俱乐部
⑦ 亭子

总体规划图

03-04
/ 滑板公园和木屋俱乐部
05
/ 木屋俱乐部

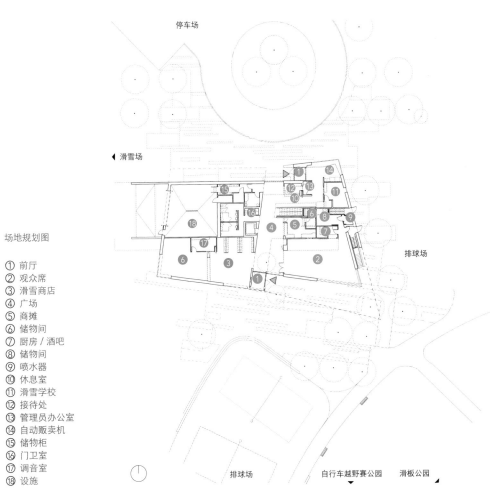

场地规划图

① 前厅
② 观众席
③ 滑雪商店
④ 广场
⑤ 商摊
⑥ 储物间
⑦ 厨房／酒吧
⑧ 储物间
⑨ 喷水器
⑩ 休息室
⑪ 滑雪学校
⑫ 接待处
⑬ 管理员办公室
⑭ 自动贩卖机
⑮ 储物柜
⑯ 门卫室
⑰ 调音室
⑱ 设施

停车场

◄ 滑雪场

排球场

排球场　　自行车越野赛公园　　滑板公园

06-08
/ 舶船亭
09
/ 木楼梯

贝尔莫运动公园

项目地点 /
荷兰，阿姆斯特丹

项目面积 /
8,400 平方米 (运动与休闲区)

建成时间 /
2011

景观设计 /
Mecanoo

游乐场设计 /
Carve 设计公司和玛丽 - 劳雷·霍德马克
(Marie-Laure Hoedemakers)

摄影 /
哈里·科克 (Harry Cock)，
Carve 设计公司

委托方 /
阿姆斯特丹东南区 (District
Amsterdam Zuidoost)

贝尔莫运动公园是阿姆斯特丹东南部贝尔莫区的一个主要的公园。这个区域的规划设计有着上世纪六七十年代的阿姆斯特郊区较为典型的特点——居民高层住宅与城市基础设施是相对独立的。不过这种模式明显不能适应社会发展的需求，早在上世纪 80 年代开始便有众多的社会不和谐的问题出现。于是，当地政府启动了这个整体重建项目，贝尔莫运动公园的改造建设便是该项目的最后一个环节。在此还要特别说明一下，贝尔莫运动公园的重建不仅仅是为了对公园保留区域进行改造和提升，同时也是要为改造计划中的约 900 户民居提供更加良好的居住环境。此次整体改造方案重新配置了居住组团和城市配套设施的组成结构，整个项目主要由一个围绕着核心运动区域的公园和一个沿着公园侧翼展开的居住组团组成。新建的住房正对着公园，人们在房间里就能够看到公园的美景，而且还能听到公园里面乐器演奏的声音。

贝尔莫运动公园在其核心位置设置体育运动设施，也使得周边居民能够较为便捷、快速的到达。运动中心周围有一条环形支路，这个支路作为慢行道可以满足了人们骑车、散步和游玩方面的需求。

这条慢行道上还包含了丰富的内容，有球场、带状游戏场地、"攀爬王"、滑板公园、一个水沙游戏区等。"攀爬王"的建筑体包含了一些基础设施：游戏场管理室和两个公共厕所，同时它的外墙也是一个多层次的攀爬墙。带状游戏场位于两个连绵起伏、郁郁葱葱的山丘脚下。滑板公园位于山顶，它由两个连着的洼地组成，人们通过堤岸和楼梯下到地面继而走向另一座山上，可以发现水沙游戏区。在水沙游戏区，设计师用沙坑和喷射的水流为年幼的孩子们提供了丰富多彩的游乐环境。

平面图

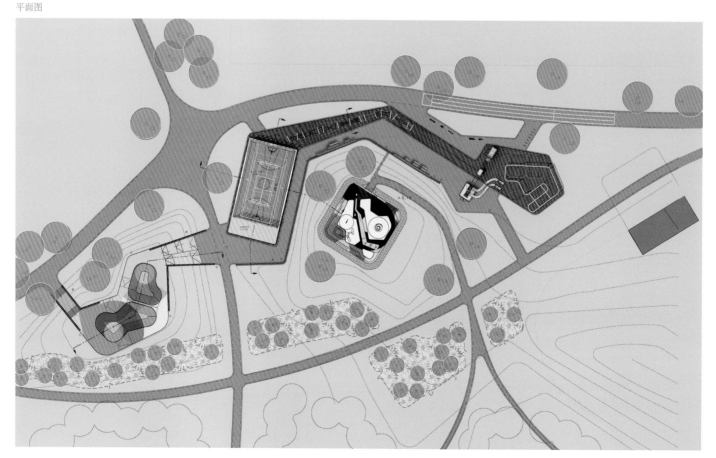

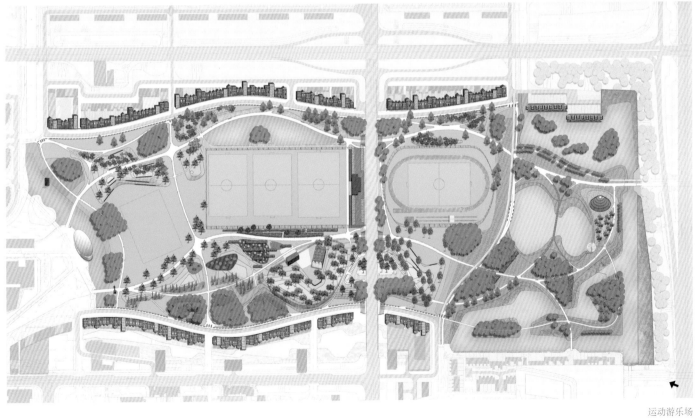

运动游乐场

01
/ 风景优美的小路将公园北部区域
  与公园南部区域连接

07-09
/ 贝尔莫运动公园是一座街区公园，可以满足社区居民的多种活动需求

10
/ 手工编织而成的花式围栏用运动场周围的图案进行装饰

11
/ 可以开展各类组织性活动的运动场位于公园中央

12
/ 水沙游戏区

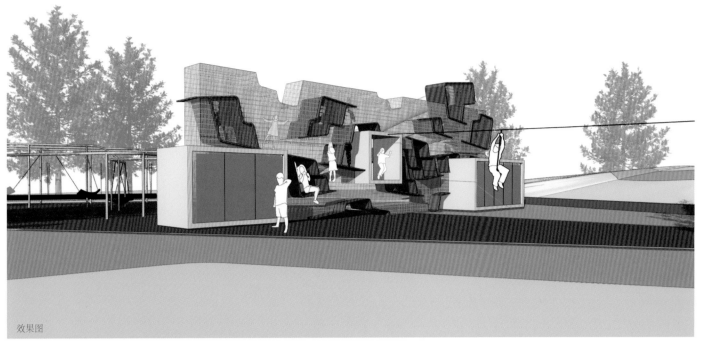

效果图

13
/ 多层次的攀爬墙旁设有一些基础设
施：游戏场管理室和两个公共厕所
14
/ 高空滑索将攀爬墙与游乐场的其他
区域连接起来
15 –16
/ 富有挑战性的游乐设施
17
/ 攀爬王

自由式公园

项目地点 /
瑞士，苏黎世

项目面积 /
8,500 平方米

建成时间 /
2013

景观和建筑设计 /
**苏黎世斯特雷夫建筑事务所
(Streiff Architekten GmbH)**

项目预算 /
4,645,000 瑞士法郎

摄影 /
布鲁斯·比克

委托方 /
苏黎世市建筑部

为了解决滑板、直排轮、山地自行车 (BMX) 等自由式体育练习设施不足的问题，苏黎世市政府计划修建一座自由式公园。为此苏黎世自由公园协会已开始了漫长和旷日持久的政治进程。

阿尔蒙德，一个城市之间的过渡空间和大型开放性公共绿化带，为项目提供了一个理想的位置。在阿尔蒙德街和现有的体育场之间有三个三角形地块，自由公园指定了其特殊用途。街区以模拟密集城市的形式，建有楼梯、坡道、扶手和墙壁。中央区域是一个平坦的练习场，适合初学者。一个整体混凝土材质的帐篷式房屋设施作为自行车公园。自行车公园位于在阿尔蒙德街的对面，并直接与一个地下通道相连。水池区的水池构成与原有相似，尽头是一架可供车辆行驶的桥梁。这座桥梁从连接有公共绿化带的地下通道上横跨而过，从而将公共空间内的各项体育设施分隔开来。

观众看台区设置在高于设施场地的区域之上。在对免费公共设施进行规划时，需要考虑一个重要的问题，即确保设施可以满足不同年龄段和不同身体状况的使用群体的需求。综合设施必须为每个人提供从初学者到专业骑手的所有东西。最多可支持 80 人同时使用该设施。

该设施的设计基于简单、因地制宜的方法，从体育馆和阿尔蒙德街朝着公共绿化带远望时不应该有高大结构的阻碍。因此，设计师决定利用地下空间，并向下倾斜到综合设施中心的最低点。再与低凹的人行通道连接起来，让滑板者们可以自然地溜向设施中心。从阿尔蒙德看过去，绿色的坡道和障碍物可彰显出滑板场的完全嵌入式性质。连续的细节设计和材料的使用（沥青、混凝土、镀锌钢）加强了整个综合设施的形象。除了桥梁和凉亭之外，所有混凝土表面可以用涂鸦进行装饰。树丛和孤树的点缀更加突出了阿尔蒙德公共绿化带的设计理念。

① 锡河市
② 自行车停放处
③ 自由式公园

总体规划图

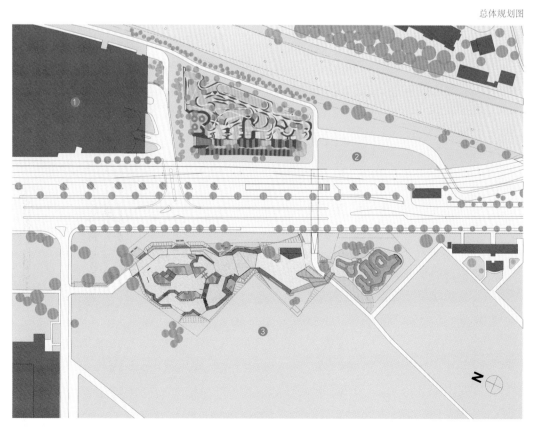

08
/ 水池区
09
/ 水池区，适合初学者使用的碗池和桥梁
10
/ 水池区概况
11
/ 水池区，背景是骑墙

苏黎世 Heerenschürli 运动场

项目地点 /
瑞士，苏黎世

项目面积 /
97 平方米

建成时间 /
2010

景观设计 /
TOPOTEK 1 设计事务所

摄影 /
汉斯·约斯滕 (Hanns Joosten)

委托方 /
公园开发部门
(Park Development Agency)

获奖 /
竞赛一等奖

我们对 Heerenschürli 运动场的设计方法解决了周围社区的城市设计问题。这个社区位于苏黎世的边缘地带，是个同源社区，建于 20 世纪 50 年代到 20 世纪 60 年代之间，现在发现它剥夺了自己可用的公共空间，缺少层次和中心性。

Heerenschürli 作为一个混合性的运动场和公共花园，它为组织的体育运动和一般的休闲活动提供了社区设备。带有座位和饭店的公共广场也融入到这个运动场当中；在当地体育俱乐部的非工作时间里，草坪也是公共、开放的，是可进入的。

我们的设计运用了直角网格线和密集的垂直挤压来体现城市密度，同源的社区已经消失了。为行人和骑自行车的人铺装的道路网与运动场相连接，并把 Mattenhof 南部的社区加入到北部的 Uberlandstrasse 里，把西部新的 Hirzenbach 电车回旋处和向东延伸的 Stettbach 草地连接起来。运动场的街道系统被当成市中心街巷、道路和广场的系统，球场被当作城市街区。高大的球场栅栏着重突出了运动场的紧凑性，有安全性和空间分区。Heerenschürli 的球场栅栏并不是障碍物，但他们自己设计出了存在感：喧闹、绿色、特大号以及超功能性。双重的栅栏设计会营造出视觉效果，当观赏者移动角度时，球场的景点会时而隐藏，时而出现。

通过一系列基于颜色和材质进行结合的设计原则会使景色在视觉上结合起来。这个项目的竞赛题目——常青展现了颜色的概念，来源于对运动场上不变的人工绿草的喜爱。很明显，Heerenschüli 中所有的高达六米的钢铁结构都被喷成了绿色。第二个原则应用到混凝土建筑和沥青中，这两个都保持了它们原有的灰色和黑色，在绿色的海洋之中也有固体状的淡色基底的呈现。整个运动场使用了两种不同色调的绿色，反映出室内和户外的分离。巨大的绿色栅栏是 Heerenschürli 运动场的奇观；这个双重的绿色栅栏建造出动态的波纹，给运动场蒙上了一层纱，同时也能让观众清楚地看到运动员。

总体规划图

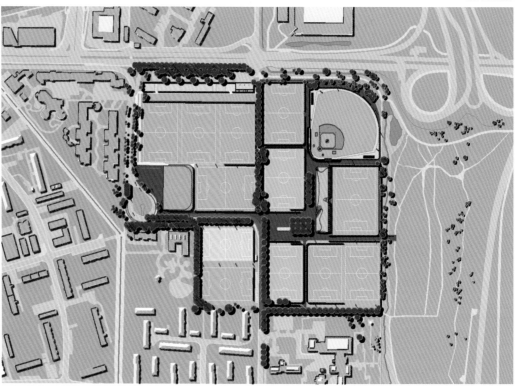

01-02
/ 公园多角度全景图

03
/ 食品饮料区
04
/ 观众看台区
05
/ 高高的球场护栏
06–07
/ 足球场

水上足球场

项目地点 /
德国, 汉堡

项目面积 /
625 平方米

建成时间 /
2013

景观设计 /
TOPOTEK 1 设计事务所

项目预算 /
45,000 欧元

摄影 /
汉斯·约斯滕

委托方 /
坎普希尔·根特有限公司
(Camphill Ghent, Inc.)

2013 年汉堡国际园艺展上展出的水上足球场项目希望在新的环境中对足球这项传统运动进行展示。水上足球场的设计与传统足球场的设计不同。传统的足球运动是在一个平坦的、直线草坪上进行的, 场上球员可以采用多种射门方式将球射入对方球门。水上足球场的场地情况则完全不同; 简单动作和快速移动都并非易事, 直线球这种射门方式几乎不可能完成, 而且球场面积也非常狭小。最为重要的是, 设计师还对球场表面进行了橡胶处理, 并在球场内注满了水。

在水上足球场上踢足球可以给参与者带来刺激的体验, 同时也将迫使参与者找寻新的竞技策略, 从而在比赛中获胜。水上足球场突破了传统游戏活动的界限, 赋予传统游戏活动新的活力。

01
/ 迷你高尔夫球场后面的水上足球场
02
/ 水上足球场内注满了水

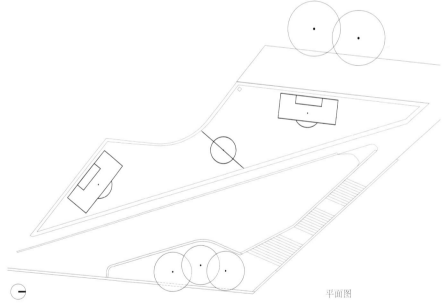

平面图

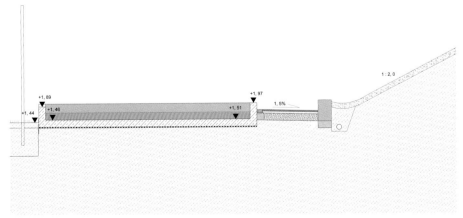

细部图

戴马克松高尔夫球场

项目地点 /
德国，汉堡

项目面积 /
625 平方米

建成时间 /
2013

景观设计 /
TOPOTEK 1 设计事务所

项目预算 /
45,000 欧元

摄影 /
汉斯·约斯滕

获奖 /
坎普希尔·根特有限公司

1933 年，德国建筑师 R. 巴克敏斯特·富勒 (R. Buckminster Fuller) 开发出一种新颖的制图投影系统——戴马克松世界地图，这是一个可以以二维地图形式展开的地图。1954 年，由景观设计师 P. Bongni 设计的第一个标准化迷你高尔夫球场面向公众开放。戴马克松高尔夫球场是一个展开的迷你高尔夫球场，球场上绘有陆地和国家形状的图案。而球场上的除水装置便可作为障碍物使用。世界地图的折叠三角形由钢筋、轻质混凝土作支撑，悬于草坪之上。

01

01
/ 戴马克松高尔夫球场概况
02
/ 欧洲地图图形解读细部图
03
/ 折叠三角形细部图

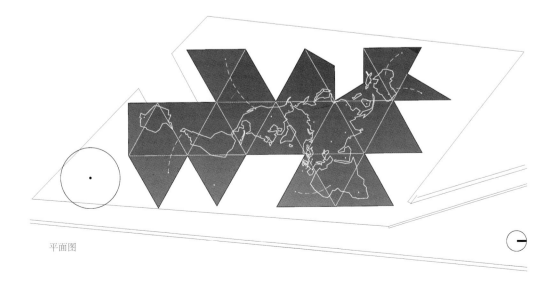

平面图

04
/ 各年龄段的人群均可在高尔夫球
  场内找到乐趣
05
/ 高尔夫球场细部图
06
/ 混凝土支撑细部图
07
/ 折叠式戴马克松世界地图

海牙运动公园

项目地点 /
荷兰, 海牙

项目面积 /
1,650 平方米

建成时间 /
2014

景观设计 /
Carve 设计公司

项目预算 /
60 万欧元

摄影 /
Carve 设计公司, 玛琳·贝克
(Marleen Beek)

委托方 /
海牙市政当局

海牙运动公园位于一处三角形的地块上, 铁路轨道和相连的道路之间。该项目集滑板场、体育中心和青少年中心于一体, 吸引着各个群体的使用者。公共空间与建筑被设计成为一个整体; 建筑外观和滑板场地融为一体。海牙市政当局最终委托 Carve 设计公司来设计这里的公共设施和建筑。Carve 设计公司的设计师认为打造一个在视觉上和功能上均可与周围环境融为一体的建筑非常重要。但是如何将滑板场、体育中心和青少年中心融为一个整体呢?

海牙运动公园是 20 世纪 90 年代开始的莱德斯亨芬·伊彭堡城市规划布局中计划兴建的三个滑板场中的一个。项目场地位于一块未经开发的地块上, 地处荷兰最大的 Vinex 街区边缘。早些时候, 市政部门仅计划在此修设滑板场, 但是由于社区的人口结构发生了变化, 市政部门决定为这里增设一个青少年中心; 年轻的家庭搬进社区, 他们的孩子也长大了。

项目场地被划分成三个区域, 滑板场、青少年中心和体育中心。设计团队将青少年中心放置在场地中间, 建筑的正面和背面构成了建筑的核心。入口区侧面是滑板设施, 高于地面半米。设计团队抬升了滑板区的水平高度, 用以在入口区设置座椅区, 而溜冰者也不会影响人们从入口区进入场地内。与正面相反, 建筑背面的多功能运动场陷入地下, 人们可以在场地边缘举行各类活动。

滑板场的外观和整体风格是设计的基本部分。摇篮状的场地与建筑外观很好地融合在一起, 十分引人注目。这种设计方式将建筑外观与溜冰场融为一个整体。

平面图

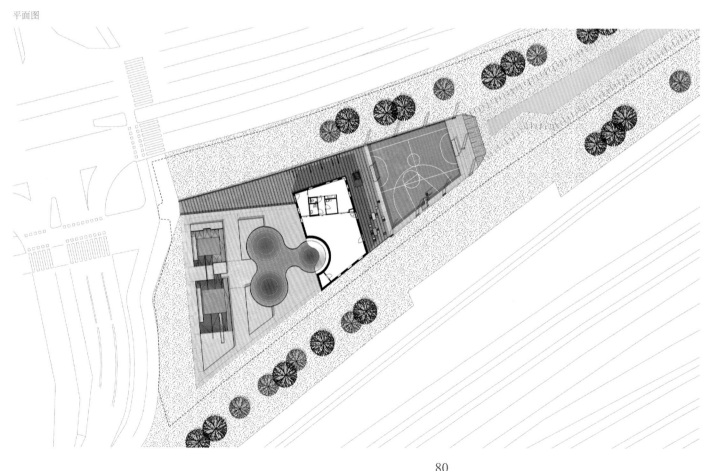

01
/ 项目场地内的景象

02
/ 走进项目场地,首先映入眼帘的是街
式滑板区和碗式滑板区

概念运动场

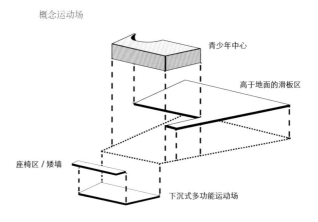

青少年中心

高于地面的滑板区

座椅区 / 矮墙

下沉式多功能运动场

概念图

01/ 项目场地被划分成三个区域

02/ 建筑将三个区域联系起来

03/ 将滑板场的功能融入设计

04/ 将滑板场与建筑融为一体

概念滑板池

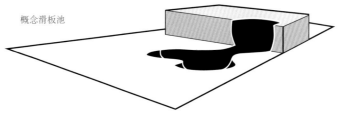

第二项原则是建筑外观上的涂鸦艺术装饰是不可避免的。设计团队不但不认为这是一个问题，甚至对此十分期待。建筑外观含有大型混凝土元素，上面印制有盲文图案。涂鸦图案可以抹去，但在嵌壁式圆形体量上依然清晰可见。设计团队将建筑外观打造成一张帆布，上面不断变化的色彩图案向人们展示着这里的历史。

第三个原则就是灵活使用建筑，这一点在设计建筑平面图时尤为重要。设计团队与未来使用者共同设计室内空间，并保持空间设计的简单性和耐用性。芯板和楼板的颜色形成对比，墙壁用耐磨的衬料面板作内衬。芯板周围的大型活动门提供了以不同方式将空间划分开来的可能性。此外，建筑的一大特色在于滑板场一侧和运动场一侧都有入口。目前，只有一个入口是面向公众开放的，未来两个入口将可以同时使用。这种设计方式允许不同的用户群体独立使用设施。

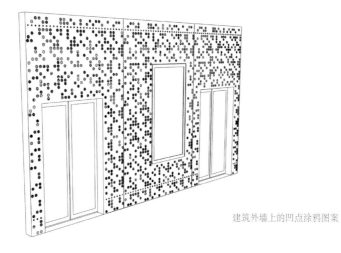

建筑外墙上的凹点涂鸦图案

03
/ 运动场效果图
04
/ 下沉式多功能运动场内安装有篮球
　架和足球门
05
/ 定制的乒乓球桌
06
/ 定制的座椅

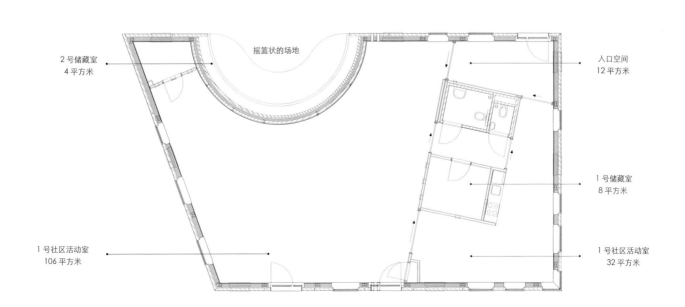

2号储藏室
4平方米

摇篮状的场地

入口空间
12平方米

1号储藏室
8平方米

1号社区活动室
106平方米

1号社区活动室
32平方米

建筑平面图和外墙

尼沃海恩运动公园

项目地点 /
荷兰，新维根
项目面积 /
6,000 平方米
建成时间 /
2011
景观设计 /
Dijk&Co 景观事务所，罗布·范·迪克
(Rob van Dijk)
滑板与运动区设计 /
Carve 设计公司
摄影 /
Carve 设计公司，玛伦·比克
(Marleen Beek)

由 Dijk&Co 景观事务所设计的尼沃海恩运动公园是新建成的布洛胡佛区的社区公园。场地基址是一片地形起伏的草地，几棵乔木散落其间。虽然是一处新建公园，但这里有一些较老的匈牙利橡树和椴树。在公园建设期间，这些老树被移植到一旁，建成后又重新栽植到公园里。公园道路系统像是流动的胶状液体，与公园的所有出入口相接并包裹着运动场和游戏场。这种道路形态符合场地需求同时又妙趣横生。场地上原有的环形跑道被保留下来，改造后的新跑道与设计融于一体，环绕运动场和游戏场，成为跑步和滑板的路径。

滑板设施和游戏设施由荷兰 Carve 设计公司设计的。滑板设施紧挨着跑道内侧，由浅色混凝土制成，和深色沥青跑道形成鲜明对比。作为社区附近具有运动功能的公园，在游戏设施的选择上也力求提供更多样的活动内容。游戏设施被树干森林围绕，在垂直方向上与远处的成年树木平衡。在树干森林之中，悬挂着 3 个倾斜的游戏木箱，木箱的大小和质感都遵从儿童的使用需求。木箱四壁的隔挡使家长很难进入，同时，被高高支起来的木箱也可防止过小的孩子从外面爬上来发生危险。不过，孩子们可以通过木箱之间的攀爬路径在内部穿梭。这个游戏设施将内外世界阻隔开来，但两个世界又能相互看见。这里既是孩子的乐园，也为一旁观看的父母们带来了乐趣。

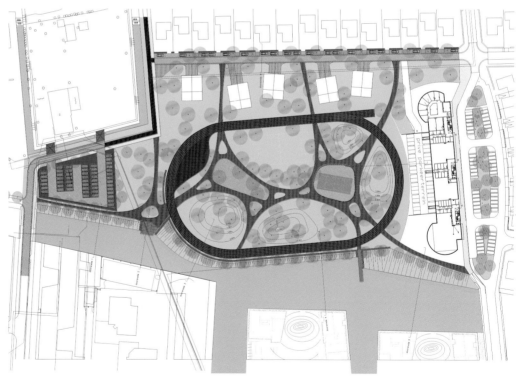

总体规划图

01
／ 游乐场与公园融为一体
02
／ 跑道内侧的滑板设施

03

滑板设施和游乐场

滑板设施

① 路边
② 过渡区
③ 平台
④ 角锥结构
⑤ 温布利球馆
⑥ 壁架
⑦ 土堤
⑧ 滑杆箱
⑨ 排水系统

游乐设施

Ⓐ 混凝土边缘
Ⓑ 入口
Ⓒ 树林内设有游乐设施
Ⓓ 跷跷板
Ⓔ 旋转碗
Ⓕ 秋千

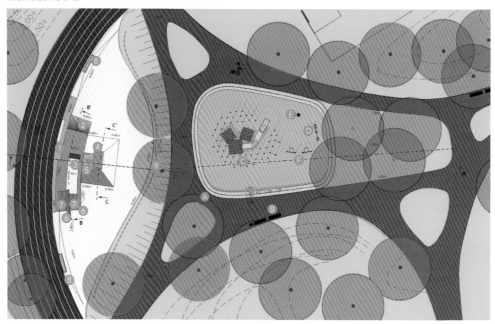

03
/ 人们可以在跑道上散步
04-06
/ 由轻型浅色混凝土制成的滑板设
  施与深色沥青跑道形成鲜明对比

光谱运动场

项目地点 /
瑞士，卢加诺
项目面积 /
1,000 平方米
建成时间 /
2014
项目预算 /
4,000 欧元
摄影 /
祖克俱乐部 (Zuk Club)
委托方 /
卢加诺市

莫斯科艺术组织祖克俱乐部在瑞士卢加诺的户外展示作品是一个由 1,000 平方米的水塘改造成的滑板场。该项目令人印象深刻之处在于掺入光线和频谱艺术，创造了一个活跃、独特的滑板空间。它甚至还可作为根据日景测定时间的仪器。祖克俱乐部在大量的户外街头艺术博览会中已经磨练出他们的技艺，卢加诺滑板公园就是他们作品巨大、狂野的倒影，反映出他们随性的城市街头艺术的天赋。人们对这个滑板场的最初印象是由涂鸦美学引起的；多重的对比色在光谱中互相交叉，在瑞士的中欧山脉绿色植物之中显得格格不入。然而随着时间的推移、不断积累，出现了一些对涂鸦艺术不满的声音，是祖克俱乐部控制着这种混乱并削减了反抗的力量。时间匆匆走远，那些在城市的表面胡乱涂鸦的街头艺术可能已经消失；祖克俱乐部完美的演绎了颜色之间的过渡，在欧洲城市后巷的墙上我们还能看到。

彩虹装饰边缘，黑白条纹的复杂菱形图案在联锁的背景幕上勾勒出头骨的轮廓。在正中央，公园的锥形坡道利用相同的黑白色调而舍去复杂的菱形图案，它重新定义了这些色彩的使用并借创新于池中合为一体；由于两个部分颜色相近，用海和一些其他设计隔开，使他们呈现本身的特色，而且没有太多交叉。在别处，红白相间的格子图案被灰色的图形覆盖，创造混乱却又令人愉快的图形和色彩。这种混合有助于用覆盖着的艺术品的阴影，创造出光谱图案。颜色之间的水平过渡创造出动态的滑板场，而阴影与阴影之间的垂直过渡又增添了性格。祖克俱乐部也善于运用光线增添趣味，通过借助按照日景测定时间的仪器制造池中效果在滑板池中产生的阴影，推导出一天的时间。晨光穿过滑板池分散成有色光谱，进一步增加了几何设计的水平。祖克俱乐部展示了其艺术馆级别的街头艺术潜力，却又超越了艺术馆的禁制，让它们暴露在卢加诺的城市中部地区，让自然的光线将其感官上的气质展露无遗。

概念图

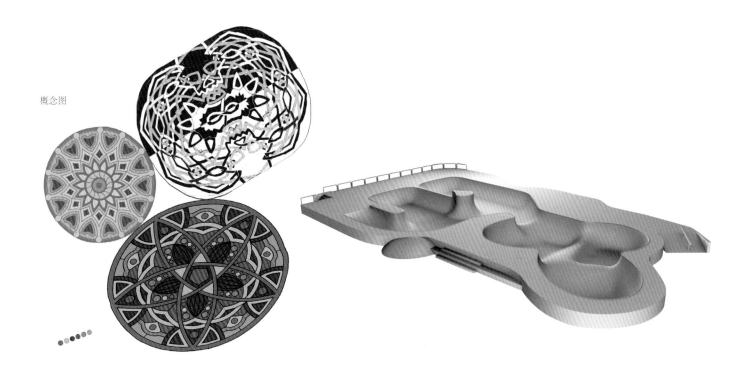

06

07

科利运动公园

项目地点 /
澳大利亚, 柯利

项目面积 /
750 平方米

建成时间 /
2014

景观设计 /
设计 & 施工—CONVIC 设计公司

委托方 /
柯利郡

柯利运动公园位于一块开放空间之内, 有着诗情画意般的自然环境: 士兵公园、柯利河是它的天然背景。这块地被广大社区设定为中央公园, 经常用来开展社区和社会活动。柯利运动公园创建了一种景观与休闲特性之间的动态关系——景观在成片的干枯河床从中穿梭。区域设施的建成不仅增加了柯利河辖区的价值, 同时还为社区居民打造了一个社交和休闲娱乐中心。

滑板场内可进行山地自行车 (BMX)、滑板和滑板车运动, 因此滑板场的使用强度非常之大, 设计师将碗池滑板场、众多过渡元素和一些街道的技术特征以及被干枯河床分隔开来的沟壑整合在一起, 设计出具有特色的滑板设施。这些结构特征的设置均是为了设计出可以保证滑行速度的设施。滑板设施能满足各层次滑板者的使用需求, 让滑板者在这个安全、创新的环境中从一个滑板新手成长为具有专业水平的滑板选手。

干枯河床可以滞留地表径流, 并对地表径流进行过滤处理, 同时可以为游客营造出一种在视觉上和实体上均与柯利河景观相连的感觉。河床、阶梯型座位墙以及草坪中央聚集空间的框架可用来开展多种社交活动。各式各样的纹理、颜色和材质不仅可以给人们带来丰富的感官体验, 还将柯利丰富的地理特性展现出来。地貌景观与娱乐设施的有趣结合在形象的空间中达到高潮, 全面整合公园的小空地和空间为家庭和团体聚集使用, 营造放松和享受柯利河风景的气氛。

场地规划图

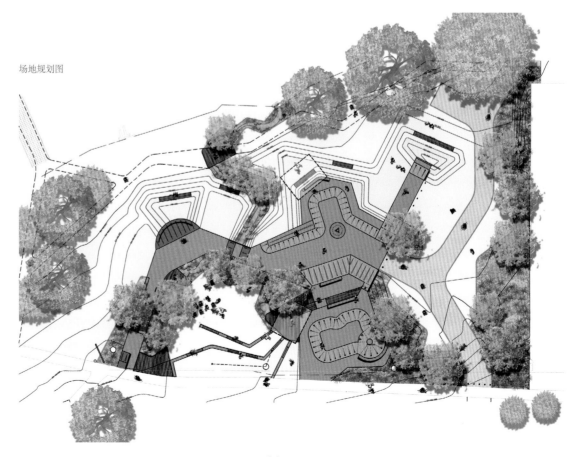

01
/ 公园航拍图
02
/ 公园内的滑板区

滑板区剖面图

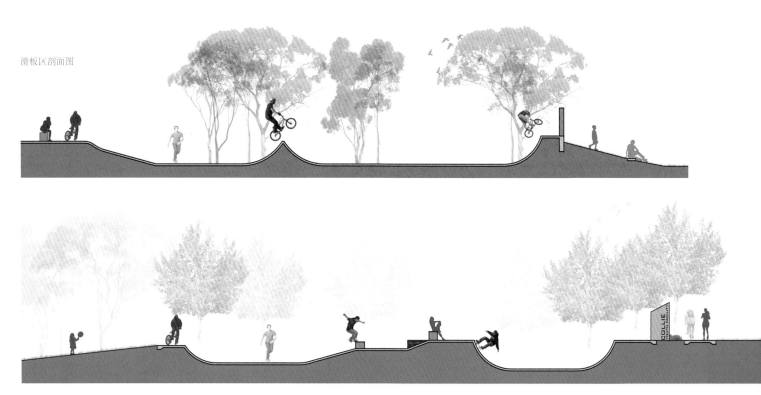

03
/ 滑板区航拍图
04-06
/ 滑板区细部图

07–08
/ 可供人们休息的凉亭
09–10
/ 人们可以在公园道路上玩滑板

Bahndeckel Theresienhöhe 公园

项目地点 /
德国，慕尼黑

项目面积 /
1.7 公顷

建成时间 /
2010

景观设计 /
TOPOTEK 1 设计事务所

项目预算 /
260 万欧元

摄影 /
汉斯·约斯滕

委托方 /
慕尼黑市

Bahndeckel Theresienhöhe 公园为独特的运动景观设计提供了机会。这是一个公共露天场所的建筑景观，位于慕尼黑中心的一块原展览场地上。景观设计中的人造建筑物历史悠久，其理念是复制大自然。它可以说是英国园林的缩影。Bahndeckel Theresienhöhe 是设计师们意图对景观进行复制之构想的浓缩。

经过 Bahndeckel 的火车从阿尔卑斯山出发在几小时内到达北海将两个著名景点连接起来。Bahndeckel 的顶部设有这些景观的复制品，通过火车之旅的抽象联系将它们置于一个空间之内。事实上，Bahndeckel 的整个风景一边是山另一边是沙滩，是德国诗人库尔特·图霍夫斯基的理想，德国梦境中的风景：面朝大海，背靠阿尔卑斯山。Bahndeckel 背后的理念形象并不新奇，只是刚刚被实现而已。旧时浪漫主义的梦想借助当代的仿制品得以重现：各自独立的沙丘、泡沫假山和人工草皮上放牧的马。理想主义的作品经由浪漫主义的创造方式解放出来。

Bahndeckel 的构造与下方铁轨弯道的构造一致，用明亮的橙色缓冲器将标示出的沙丘、草冰碛和小山凸显出来。整个空间都是一个连续互动的雕塑形式。原产于德国多沙地带的松树林让公园稍稍弯曲的北部边界的视觉效果更佳突出。空地两旁郁郁葱葱的前花园把这里和周边的住宅连接起来。成排地种在公园内，并在相邻的房子前面形成了一条墙面交接线，宽阔的场地北侧是一个由小树林组成的不规则的图案。在这个项目中，抽象概念和仿作都被重新演绎到这个纵情于人工地貌的设计中。

① 墙体
② 用螺丝固定在墙体上的 35 毫米宽镀锌
③ 360 毫米 x150 毫米的 V2A 不锈钢排水管道
④ 12 厘米厚泡沫玻璃排水层
⑤ 模型：聚苯乙烯泡沫塑料
⑥ 钢边轮廓
⑦ 聚合物人造草坪，13 毫米，用固定条固定
⑧ 轻型混凝土 LB 16/18，埋置钢筋，加固钢丝网 R 188 A
⑨ 36 毫米宽镀锌
⑩ 土壤基质
⑪ 湿度保护层
⑫ 绒布滑膜

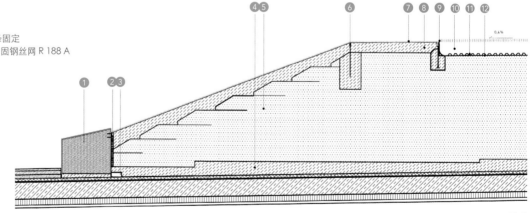

绿丘

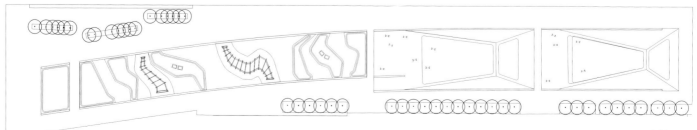

总体规划图

01
/ 公园全景图
02
/ 公园入口通道

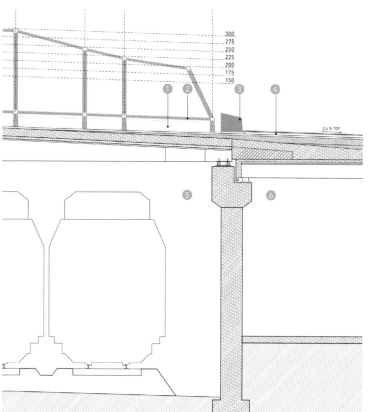

① 碎石
② 框架结构，攀爬架
③ 墙面
④ 沥青
⑤ 铁轨
⑥ 地下结构

铺有软化砾石路面的桥面
铁轨剖面图

03
/ 可供儿童攀爬使用的挂网设施
04-05
/ 山丘和沙滩

爬坡沙丘的平面图和立面图。挂网设施

① 秋千座椅
② 攀爬把手

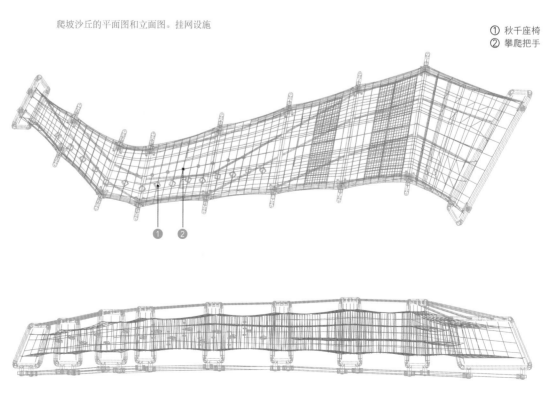

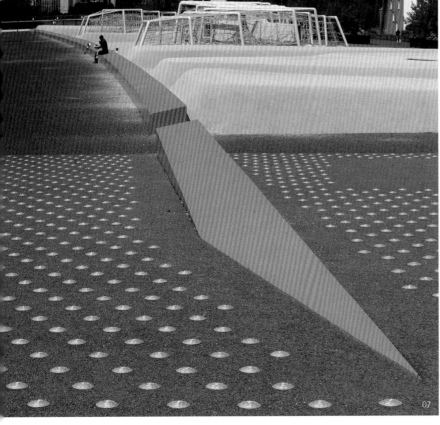

06
/ 鞍马
07
/ 喷雾装置
08
/ 儿童游乐设施
09–10
/ 人们可以坐在游乐场地边缘休息
11
/ 在公园内玩耍的儿童

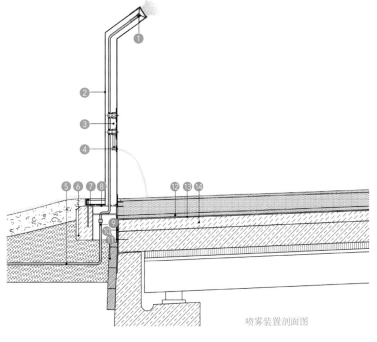

① 喷头
② 喷雾装置钢架
③ 镶嵌在钢架上的带有气门定时齿轮的喷头按钮
④ 饮水器
⑤ 与现有供水系统相连
⑥ 混凝土地基上的检修口
⑦ 内阀
⑧ 供水系统检修口、节流阀和为冬季排水修设的回水设施
⑨ 软管
⑩ 排水垫
⑪ 泸砖
⑫ 浇铸沥青
⑬ 油毛毡
⑭ 铺填混凝土

喷雾装置剖面图

3D 跑道

项目地点 /
西班牙, 阿里坎特

建成时间 /
2010

景观设计 /
Subarquitectura 建筑事务所

项目预算 /
130 万美元

摄影 /
Subarquitectura 建筑事务所

这条远离埃尔达市区的 3D 跑道是地域景观的一部分, 这里修设有完善的运动器材, 可以为人们提供舒适而惬意的运动场地。该项目的设计理念是为跑步者打造一个具有挑战性的额外场地作为标准跑道的补充, 进而提高跑步者的竞争力和竞赛精神。

在"弯曲度作用"下, 设计师设计出一条带有坡度的立体跑道。这条立体跑道与看台区结合在一起, 在保留原有设施的前提下还增添了新的功能。斜坡跑道不仅给枯燥的运动场注入了新鲜元素, 更为锻炼的人们提供了新的练习选择, 可谓一举两得。设计师截取了圆形跑道长边的一条切线, 然后让它在垂直方向缓缓升起, 形成一个缓坡, 缓坡下方是一个面积为 350 平方米的室内空间, 这里设有两间更衣室、两家商店、健身房和公共厕所。平坦跑道和斜坡跑道之间的看台区可以容纳 300 人, 坐在看台区的观众可以获得极佳的观看视角。立体跑道以远处的山脉为背景。该项目的设计没有使用价格昂贵的施工材料。

场地位置

01

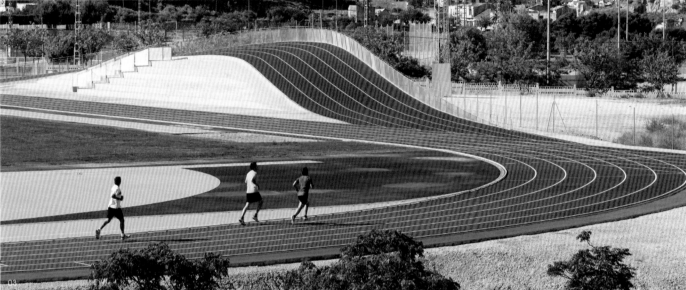

01
/ 3D 跑道俯瞰图
02–03
/ 3D 跑道周围环境

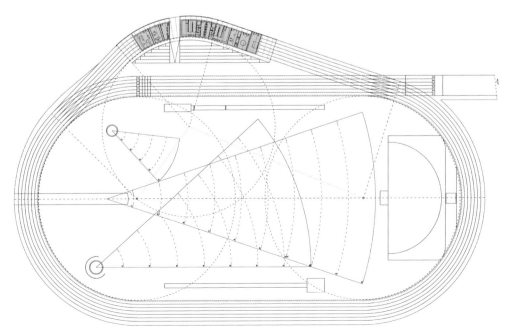

平面图

侧立面图

整体立面图

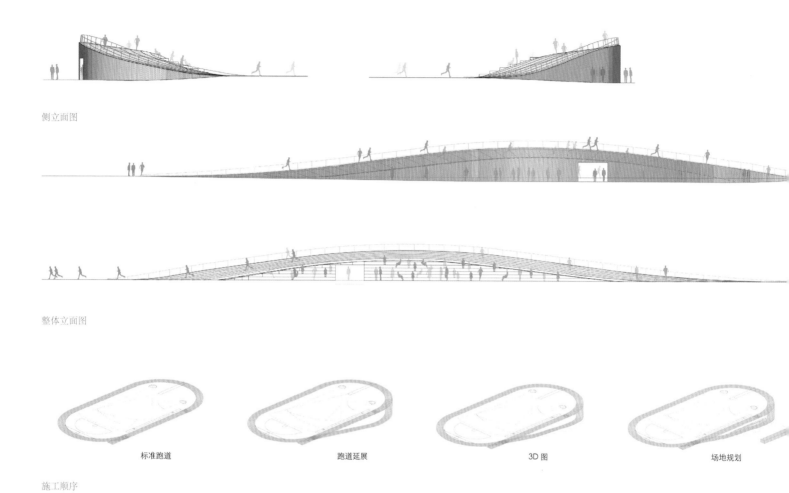

标准跑道　　　　　　　跑道延展　　　　　　　3D 图　　　　　　　场地规划

施工顺序

立体跑道西侧修设有钢架设施，钢架不仅可以为跑道遮挡阳光，还可以为人们提供观赏风景的平台。赛场跑道和斜坡跑道均采用红色的合成橡胶铺设而成，设计团队没有对两种类型的跑道进行区别对待。此外，该项目也是残疾人外出活动的理想场所。他们可以坐在轮椅上在场地内自由行进。事实上，设计团队希望打造一片可以吸引非专业人士的运动场地，同时推广全民健身的理念。

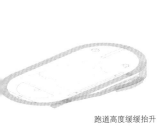

跑道高度缓缓抬升

施工细节图

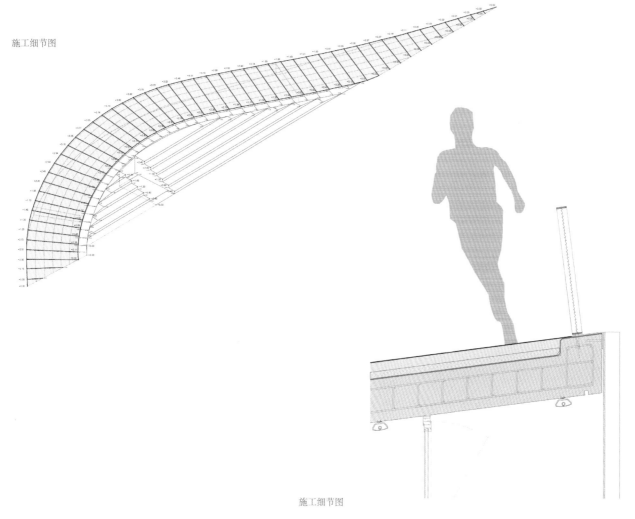

施工细节图

08–09
/ 凸起的跑道
10
/ 遮阳设施内部景象
11–12
/ 凸起的跑道

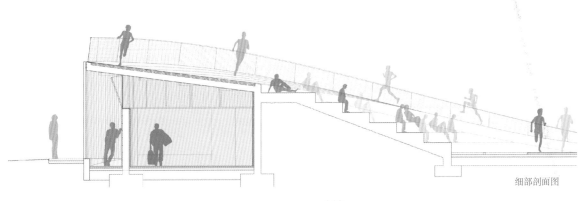

细部剖面图

波士顿 D 街草坪

项目地点 /
美国，马萨诸塞州，波士顿

项目面积 /
1.09 万平方米

建成时间 /
2014

景观设计 /
Sasaki 设计事务所

项目预算 /
150 万美元

摄影 /
克里斯蒂安·菲利普斯
(Christian Phillips Photography)

委托方 /
马萨诸塞州会议中心管理局 (MCCA)

马萨诸塞州会议中心管理局 (MCCA) 与 Sasaki 设计事务所领导的设计团队 (包括 HR&A 顾问公司) 构思了 D 街草坪项目，将一个灵活、充满生机的临时城市空间打造成 D 街的"先行空间"，定下市民参与的基调，展现新区的宏伟志愿。

新区以波士顿会展中心 (BCEC) 为核心，占据南波士顿、创新区、自由码头、福特角以及通道街社区关键的中心位置。新区力求互动、灵活、技术领先、充满艺术与活动，并吸引多样的人群 (居民、工作者、与会者、游客等)。D 街草坪展示并引领这些目标，实验空间与功能安排，帮助它们成为未来活动空间，作为沿 D 街新区的核心与焦点。

D 街草坪由广场与草坪两部分构成，是各种功能与社区活动的枢纽。广场上的步道从 D 街出发延伸到波士顿会展中心侧门；标志性的灯饰标示出大小适合的聚会空间；而它明亮、活泼且可搬动的家具吸引人们来此，无拘无束。草坪区原先被 1.2 米高的城市堆积物阻挡了视线与通道，现在则成为 D 街波士顿会展中心引人入胜的前院，承办各类短期艺术项目。

01
/ 广场是 D 街草坪的活动中心。鲜亮的城市家具与标志性照明的设计非常人性化

02
/ 设计团队将一个灵活、充满生机的临时城市空间打造成 D 街的"先行空间"，定下市民参与的基调，展现新区的宏伟志愿

03
/ D 街草坪将中心与周边社区整合，为本地居民与外来游客提供聚会互动空间

D 街草坪可以承办多种不同的活动，满足各使用群体的活动需求，人们可以根据活动需求对场地布局进行改变

① 波士顿会展中心（BCEC）
② 马萨诸塞州会议中心管理局（MCCA）
③ Claflin 大街
④ 项目边界
⑤ Element 宾馆
⑥ Aloft 宾馆
⑦ D 街 411 号
⑧ D 街

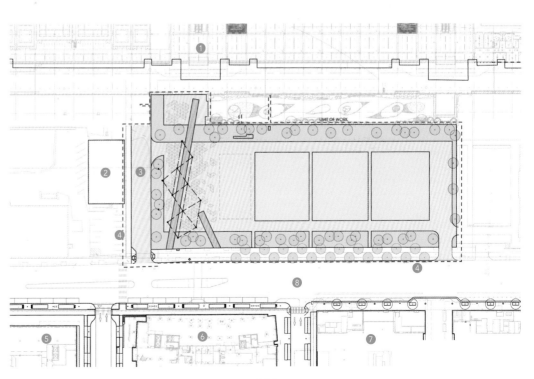

04
/ D 街草坪的位置原先是阻挡视线与通道的城市堆
  积物。现在这里可展示艺术、装置、城市家具，
  举办音乐会与其他活动
05
/ D 街草坪内可以承办各类短期艺术项目
06
/ 人们可以根据自己的需求随意移动可移动的家具
  和游戏设施，打造想要的空间
07
/ 广场上新颖的特色步道由 D 街延伸到波士顿会
  展中心侧门

弗里曼特尔滨海艺术中心
青年广场

项目地点 /
澳大利亚，弗里曼特尔

项目面积 /
7,500 平方米

建成时间 /
2014

景观设计 & 施工 /
Convic 设计公司

项目预算 /
160 万澳元

委托方 /
弗里曼特尔市

滨海青年广场位于澳大利亚弗里曼特尔市中心地带，坐落在历史悠久的滨海保护区绿地，是一个迎合现有社区需求的都市绿洲。广场上有青少年游乐空间、开放的公园设施以及举办活动的场所。滨海青年广场的设计体现了社会可持续性的原则，可以为游客、参与者和使用者提供多种活动选择。这里是一个开展社交活动和竞赛活动的中央社区中心，可以满足各年龄段人群的娱乐需求。社区群体构成和居民们的娱乐需求始终处在不断的变化之中。而广场的设计也将社区的多元化以及多样的娱乐需求考虑在内。这座广场不仅可以提供滑板、自行车越野和摩托车场地，还可进行跑酷、乒乓球和其他多种休闲活动。

滨海青年广场体现了弗里曼特尔的文化精髓。这些解读性图层与空间结构相互交织，使用一系列材料和特色重新呈现这座城市丰富的历史故事，特别展示了城市过去的发展历史。设计团队将回收再利用的海洋浮标转变为标志性滑板元素，并把集装箱改造成抱石塔。作为补充的则是社区内浓厚的滑板文化，独特且富有挑战性的滑板场地显然体现了此文化，而场地的修建则是致敬当地具有历史意义的古老羊毛商店。不论是当地的滑板爱好者，还是来自国内外的游客们，都愿意将这里视为一个重要的到访目的地，前来一展身手。

滨海青年广场对滨海保护区内景观的丰富色调进行利用，并与街道树木、本土植物和相称的材料等元素融合在一起，用以确保各类设施与滨海保护区和谐统一。所以，滨海青年广场不仅是当代年轻人的活动地带，还对广阔的滨海保护区及城市环境中的自然遗产进行了充分的保护。

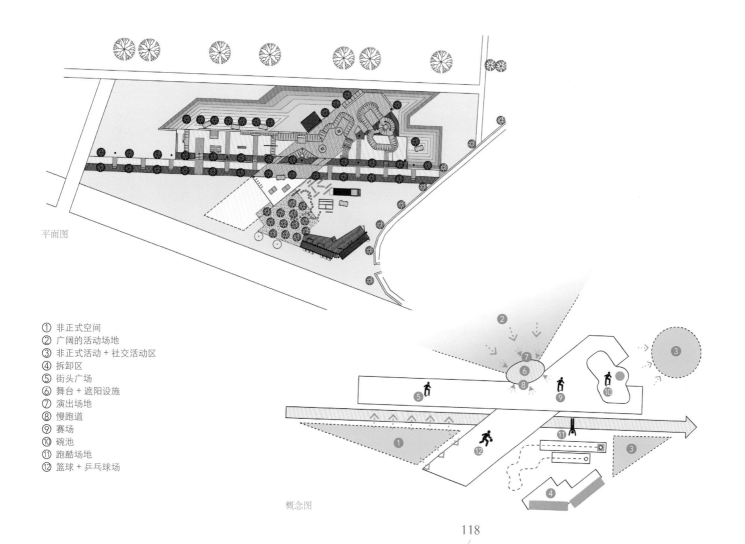

平面图

① 非正式空间
② 广阔的活动场地
③ 非正式活动 + 社交活动区
④ 拆卸区
⑤ 街头广场
⑥ 舞台 + 遮阳设施
⑦ 演出场地
⑧ 慢跑道
⑨ 赛场
⑩ 碗池
⑪ 跑酷场地
⑫ 篮球 + 乒乓球场

概念图

01-02
/ 公园航拍图

03
/ 滑板区
04–05
/ 当地居民喜欢在公园内开展体育
　活动
06
/ 滑板区细部图

① 减少结构量的土丘
② 用柯尔顿钢制成的栏杆
③ 船尾导缆孔顶部的箱体
④ 可作为座椅使用的平台
⑤ 带有截口的平台

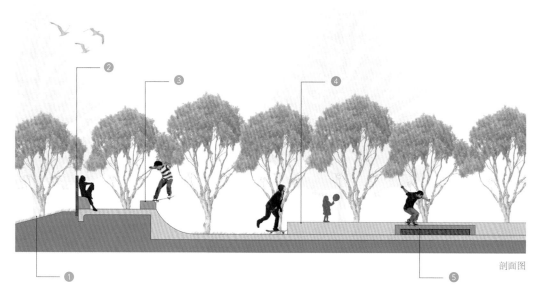

剖面图

① 减少结构量的土丘
② 低矮平台上方土堤顶部的平台
③ 土堤上的平台
④ 滑板障碍
⑤ 滑板区周围的街道树木和照明
　设施
⑥ 滑板区周围的植物池
⑦ 滑板区周围的座椅设施

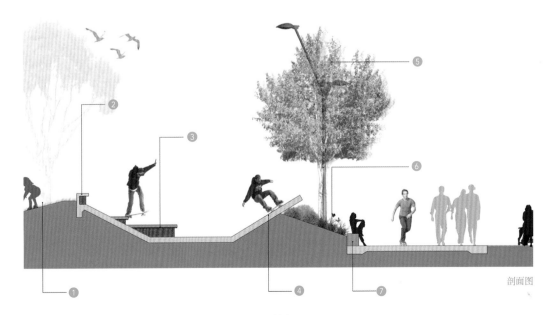

剖面图

① 滑板公园内的花坛
② 碗池
③ 从浮标向周围草木过渡
④ 滑板场地背面的浮标

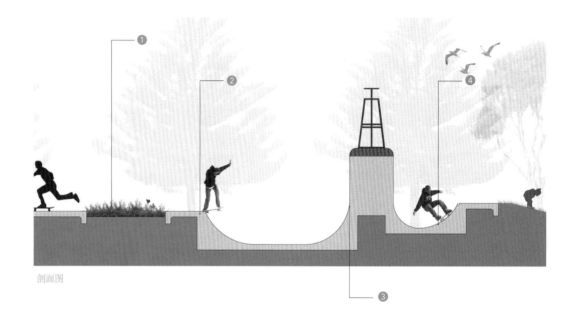

剖面图

07
/ 滑板区
08
/ 当地居民喜欢在公园内开展体育
活动
09–10
/ 多功能运动场

124

以色列广场

项目地点 /
丹麦，哥本哈根
项目面积 /
2014
景观设计 /
Sweco 建筑事务所
其他顾问 /
科博与莫藤·斯特德
(Cobe and Morten Stræde)
摄影 /
Sweco 建筑事务所
委托方 /
哥本哈根市

以色列广场的地理位置充满了机遇，广场一路延伸至熙熙攘攘的市场，每天有成千上万的人群经过此地，而郁郁葱葱的 H.C.Ørsteds 公园是哥本哈根市中心的一座可供市民开展休闲娱乐活动的绿色空间。以色列广场位于古老的城墙之上，这些城墙曾是哥本哈根市的外墙，20世纪 70 年代被改造成停车场，是北欧地区最大的地下停车场。广场的这一身份与活动的美感和吸引力无关，而是与即将发生的改变有关。

广场的西南角和东北角好似一对翅膀呈折叠式展开，为广场提供座椅区的同时将地下停车场的坡道遮挡起来。广场内栽植有多棵茂盛的树木，西南角铺设有台阶，人们可以走下台阶进入广场。广场一侧有一条缓缓流淌的小溪，小溪的尽头是组成小瀑布的三个椭圆形池子。

广场塔架上照明设施的亮度可以根据具体需要进行调节，举办大型活动期间，可以提供聚光照明，平时则发出微暗、分散的光线。此外，广场边缘还安装有小型 LED 灯，给人一种置身飞毯之上的错觉。

为了打造一个引人注目的空间，设计团队还在广场上设置了多种不同的元素。

01
/ 以色列广场的路面用花岗岩铺
路材料铺砌而成，与用废旧回
收材料铺砌而成的街道形成对
比。广场上的游乐场地上铺设
有橡胶表面

02
/ 以色列广场地处 H.C.Ørsteds
公园和市场之间，位于哥本哈
根古老的防御工事之上

03
/ 广场内设有多种滑板设施，人
们可以坐在台阶上休息

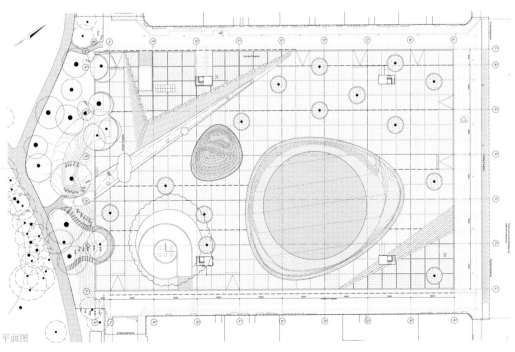

平面图

04
/ 以色列广场是哥本哈根市最大的
  广场。广场周围的建筑建于 19 世
  纪末期

05
/ 自新广场于 2014 年面向公众开放
  以来，广场已经成为各年龄段人
  群活动和休闲的好去处

06
/ 以色列广场的西南角和东北角好
  似一对翅膀呈折叠式展开，为广
  场提供座椅区的同时将地下停车
  场的坡道遮挡起来

立面图

07-08
/ 设计团队通过将广场从公园中
抽离出来，同时将公园的绿色
元素引入广场来建立起广场与
公园之间的联系
09
/ 参赛方案的效果图——与广场
建成后的实际情况非常接近
10
/ 傍晚时分，安装于广场边缘的
小型 LED 灯可以强化场地的视
觉效果，给人一种置身飞毯之
上的错觉

- 广场上的圆孔种植池内栽植有草丛和树木，周围设有长椅，用以营造绿色的城市休闲空间；
- 广场内设有可供市民开展球类活动、滑板活动的场地和游乐场地；
- 广场角落里的台阶还可作为看台使用，人们可以坐在台阶上观望广场上进行的活动、熙熙攘攘的市场和 H.C. Ørsteds 公园的美丽景致。

立面图

雷顿开放空间

项目地点 /
英国, 伦敦
建成时间 /
2014
景观设计 /
金尼尔景观设计公司
(Kinnear Landscape Architects)
项目预算 /
430 万英镑
摄影 /
阿德里安·泰勒 (Adrian Taylor)
委托方 /
沃尔瑟姆森林区

湿地通道项目的主要目标是让城市边缘地带重新焕发生机,恢复这里在利亚谷地昔日的风采,同时打造出一处可供人们开展体育活动、实现逃离主义的自然景观。在对该项目进行规划和设计时,设计团队通过打造新的乡村湿地通道、巩固白杨树在景观中的重要性并将白杨树作为拟建体育馆视觉上的依靠来进一步展现项目的设计理念。此外,设计团队还对现有运动设施进行了彻底检修,用以打造一个高品质的运动场地。

设计团队将诸多有趣的景观元素融入到该项目的设计中。项目场地位于利亚河的冲积平原,设计团队可以在这片绿色空间内加入许多天然元素。设计团队邀请当地居民一同参与到项目的设计中。游戏岛仅在场地被淹没时才会显现出来,因此,设计团队将该项目的设计方案与项目场地的洪水问题直接联系起来。原有坡道上设有可供大孩子们玩耍的游乐场,场内设有可以锻炼攀爬和平衡技能的设施。木制攀爬架和铁索上的雕刻图案吸引了众多游客到访公园。这些设施可以满足不同能力水平和各年龄段人群的活动需求。在对游乐设施进行设计时,设计团队还将当地的生态环境考虑在内——为孩子们提供一个探索自然环境的空间。

01
/ 开放空间内的小山丘
02-03
/ 当地居民在公园内的林荫道上骑
自行车

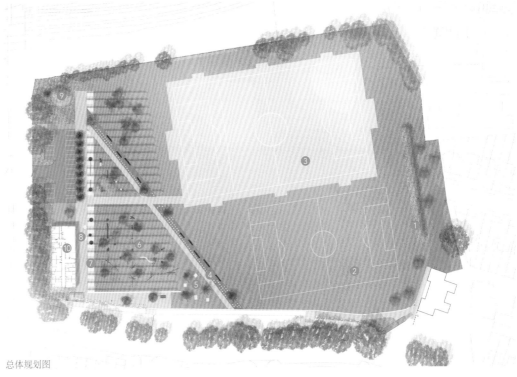

① 野花盛开的堤岸
② 天然草皮球场
③ 人造草皮球场
④ 通往学校的步道 / 自行车车道
⑤ 蹦床
⑥ 设有游乐设施的草丛
⑦ 设有水上游乐设施的混凝土结构
⑧ 木制观景台
⑨ 野花盛开的小山丘
⑩ 凉亭

总体规划图

位于东伦敦地区的阿博特斯公园项目旨在恢复城市公园往日的活力,鼓励当地居民到公园内开展体育活动。该项目于 2013 年 3 月完工,足球运动员索尔·坎贝尔 (Sol Campbell) 参加了公园的开园仪式,他也是一位网球运动爱好者,并在开园仪式上向孩子们宣传网球运动。

该项目的主要目标是修设网球场并建立起体育馆与公园之间的联系,同时减少体育馆周围的反社会行为。经过设计团队的努力,这座有着维多利亚时代特征的郊区公园也被改造一新——体育馆翻新工程保留了原有结构的特色,使用更加光亮的材料并赋予体育馆更多的功能,其中便包括增设公共设施和卫生间等。此外,设计团队还对网球场进行了改造和扩建,并在场地内修设儿童迷你网球设施。通过改变网球场的布局、建立公园绿地与体育馆之间的联系,这片未被充分利用的场地如今变成了充满活力,更为安全且更具魅力的公共场地。

剖面图

概念图

135

效果图

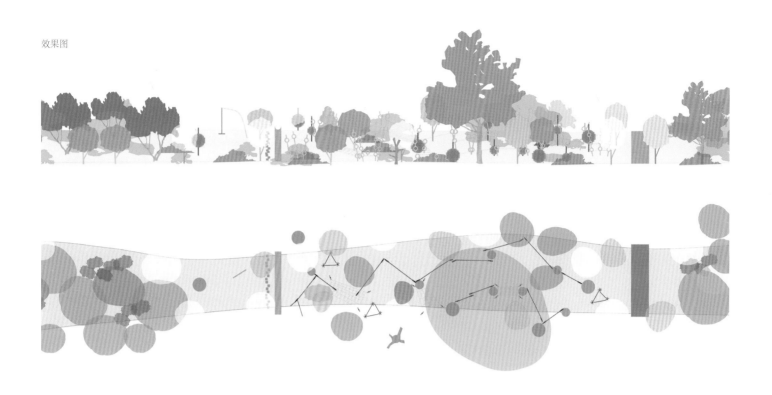

雷顿是一个重要的重建区，将东伦敦社区、新东村（原运动员村）和奥林匹克公园联系起来。而曾在 2012 年伦敦奥运会期间作为服务区使用的 Draper 公园便位于新老区交汇地带。设计团队旨在在通往乔巴姆学院（位于奥运村内）的路径上为人们打造一个运动游戏场所。这座公园的建成有助于改善这里的运动游戏环境——原有足球场已经被加固的人造运动场和新足球场取代。KLA 设计公司的项目旨在鼓励更多儿童和年轻人通过游戏的形式参与到体育运动中来。

通往学校的道路包括一条自行车道，车道上设有障碍区和练习基本技巧练习区。这条自行车道与伦敦自行车运动协会通往学校和大伦敦政府的安全自行车骑行路线相连。人们可以从草坪区斜穿而过直奔位于道路两侧的蹦床和其他游乐设施。

紫色欢乐运动公园

项目地点 /
德国, 汉堡

项目面积 /
625 平方米

建成时间 /
2013

运动场设计 /
Carve

项目预算 /
45,000 欧元

摄影 /
汉斯·约斯滕

委托方 /
坎普希尔·根特有限公司

霍夫多普的 Toolenburg 湖由大型沙地挖掘形成。这个吸引了大量游客进行水上运动的湖泊，被许多沙滩、日光浴场以及两个酒吧包围。Carve 设计公司应哈勒默梅尔市民们的要求，在湖泊南岸设计一个运动和游乐场地。

融合多种游戏元素的彩色圆环构成了一个紧邻餐厅的挑战性游玩区域。而且不管是患有视觉、听觉、生理还是精神疾病的孩子都可以在这里玩耍，没有任何形式的限制。恰好是因为这些圆环自己的"语言"，不管是在颜色还是在排列上，都激起了孩子们的好奇心，从而鼓励他们去探索整个区域。而由于这里没有"特殊"元素的设计，大大减少了正常与残疾儿童的区别。在这个游乐场地内，所有的孩子都可以没有任何限制的玩耍。

许多情况下，公共区域的小型体育场都是设计来踢足球的。最多也就是有可能用来打篮球。而 Kwadrant 公园里这个新型运动区的设计更注重于不限制其用途。通过设计出区域边缘不同形式凹陷的场地，将溜冰、足球和篮球都结合进一个球场。球场的一边是阶梯型休息区，同时另一边是溜冰设施。场地边缘是尖形的位面，层层折叠形成高架景观。深紫色的休息区、滑板场和运动场，在整个景观中给人一种独特且易于辨认的感觉。这里已成为周边地区的年轻人碰面然后一起运动、休闲或滑冰的热门场所。

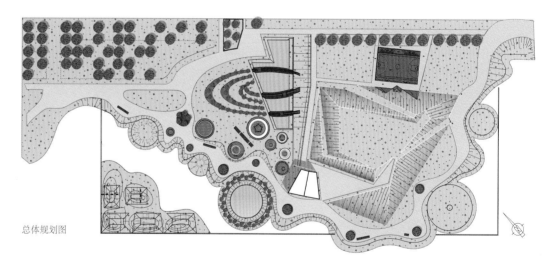

总体规划图

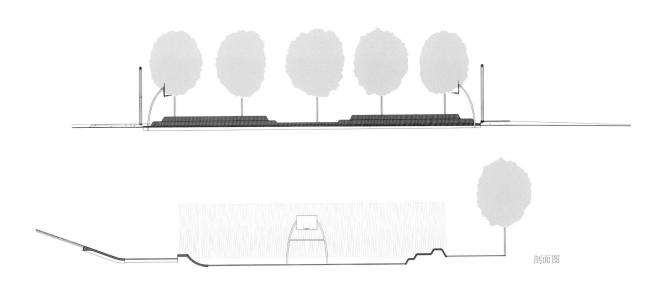

01
/ 运动场地全景图
02
/ 多功能运动场

剖面图

02

05

笑脸游乐场

项目地点 /
西班牙，马略卡岛
项目面积 /
1,150 平方米
建成时间 /
2014
景观设计 /
A2arquitectos 事务所
摄影 /
伊贺贝斯 (Ihobbies)
委托方 /
卡斯特尔咸斯酒店

1967 年，一家名为卡斯特尔咸斯的小旅馆在马略卡岛东部茂密的地中海丛林中创办起来。经历了多次装修和扩建后，这家小旅馆如今已经成为马略卡岛东部最有特色的酒店。令人陶醉的海滩和蓝色澄清的海水吸引了大量的游客，将这里变成了著名的旅游胜地。在最近的一次改建计划中，A2arquitectos 事务所设计了一个"笑脸泳池"作为休闲娱乐活动的延伸，并为卡斯特尔咸斯酒店内的年轻旅客提供了一个休闲娱乐的新去处。

设计团队十分注重"笑脸泳池"在不同视角和尺度上的视觉感受，无论是脚踩其中、从酒店露台上观望，还是在谷歌地图上的航拍卫星视图上，"笑脸泳池"都会给人带来一种不一样的体验与感受。设计帅们运用多个同心圆元素打造出这样一个休闲娱乐场所，场地中央便是孩子们的"笑脸泳池"，泳池直径 312 米，水面波光粼粼，泛起黄色的涟漪，与周边的成人泳池截然不同。泳池周边还设有儿童戏水区、淋浴区、日光浴区等多个不同的区域。喷涂有各色油漆的圆圈内设有多种不同的设施。

扩建项目还包括一个嬉戏区和为幼童设计的普通游乐区。与酒店其他区域不同的是，设计团队将鲜艳的色彩和有趣的形状融入到这片区域的设计中，而这片专门为孩子们设计的休闲娱乐活动区也从先前的运动场和现有的户外空间中凸显出来。

01
/ 笑脸游泳池航拍图
02
/ 游泳池和水上游乐设施
03
/ 游泳池周围区域航拍图

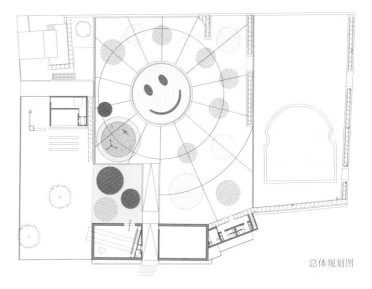

总体规划图

霍尔街运动场

项目地点 /
荷兰, 阿姆斯特丹
项目面积 /
9,500 平方米
建成时间 /
2011
景观设计 /
Carve 设计公司
建筑设计 /
磐石建筑有限公司
摄影 /
Carve 设计公司
委托方 /
阿姆斯特丹市政当局

从 Van Beuningen 广场穿过霍尔街是贫民区与其他区域之间的分界线, 而贫民区内缺少必要的公共设施。Van Beuningen 广场的位置较为隐蔽, 广场被围栏包围; 场地内的植被维护管理不佳。广场内先前设有运动和游乐场, 是青少年经常光顾的场所。由于广场内的设施并不完善且维护不佳, Van Beuningen 广场附近居住的市民很少到此处活动。因此, 阿姆斯特丹市政当局决定在这里修设停车场, 将广场上的车辆移至地下停车场内, 从而营造出一个更为开阔的空间。此外, 市政当局还决定在新建停车场的上方修设一个新的运动和游乐场。

改造后的广场吸引了众多市民到此活动, 孩子们可以到广场玩耍, 成人们也可以在此停留, 放松身心或是与友人会面。该项目的重要意义在于保留广场周围的现有树木, 这也意味着新建停车场的设计要与周围环境很好地融合在一起, 进而为市民留出更多的活动空间。

项目场地的设计由三家设计公司合作完成。三家设计公司发挥各自的长处; Concrete 建筑事务所负责对广场上的建筑进行设计; Dijk&Co 景观事务所负责对广场内的景观进行设计; Carve 设计公司负责广场内庭、休闲区、运动和游乐场的设计。Van Beuningen 广场很好地将三家设计公司的设计理念融合在一起。此外, 设计公司还与当地居民开展合作, 力求满足特殊群体的使用需求。

总体规划图

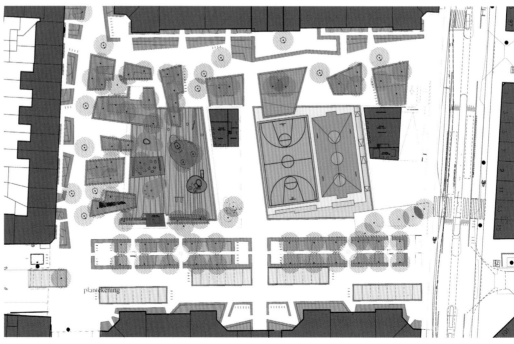

01
/ 广场游乐场内的景象
02
/ 广场运动场内的景象

03
/ 运动场内可以开展足球、篮球等
  多种体育活动。运动场地边缘可
  用来就座和玩滑板

04
/ 游乐场内安装有吊床设施

05
/ 游乐场经理开启了游乐场内的喷
  水设施

06
/ 运动场地边缘可用来玩滑板

阿让特伊滑板公园

项目地点 /
法国，阿让特伊

项目面积 /
1,225 平方米

建成时间 /
2013

滑板公园设计 /
Spectrum Skateparks 有限公司

景观设计 /
Recreation Urbaine 有限公司

项目预算 /
70 万欧元

摄影 /
**吉姆·巴纳姆 (Jim Barnum) /
Spectrum Skateparks 有限公司**

委托方 /
瓦勒德瓦兹省

阿让特伊滑板公园位于拥有开放式绿色空间和多条宽广道路的新开发公园内，公园被环形道路环绕其中，区域中央是一个线性往复式滑板场。

将流动区与滑板区边缘融为一体的设计不仅可以方便不同水平的滑板爱好者进入滑板区，还为滑板高手们提供了一个花式玩法的竞技场。缺少平整底板的情况在滑板公园中并不常见，这种设计是出于对公园整体布局的考虑，普通滑板爱好者先是会被滑板场的设计所吸引，紧接着便会产生困惑，因为对他们来说，在这种不常见的滑板场上玩滑板可是一项不小的挑战。直线流动体验更多地关注运动和速度而非滑板技巧，滑板爱好者可以尽情地享受这项运动给他们带来的乐趣。滑板公园将滑板运动从面向表演、得分、技巧的运动转变成注重运动体验的运动，滑板爱好者可以在体验流动感的同时释放心灵，将注意力放在自己的身体感受上。而由滑板运动引发的社交互动也从竞技、表演活动变成了娱乐活动，滑板爱好者们不由自主地玩起了"学领袖"、"追拍"和"货运列车"的游戏。

滑板公园内的道路两旁设有多个造型简单、小而平整的混凝土矩形座椅。简约的设计风格可以让滑板者将注意力全部集中在滑板运动上，进而在滑板场上发挥出自己的最佳水平。在流动区玩滑板通常意味着更快的速度和流动，这也对滑板者的技巧和动作变化提出了更高的要求，他们需要将技巧和动作巧妙地结合起来。阿让特伊滑板公园为滑板者提供了一个体验街式滑板的活动场地，而公园旁边的遮荫树和快餐店可以为滑板者提供短暂休息的地方。

街道、流动区、多功能运动场、通道和
绿地布局图

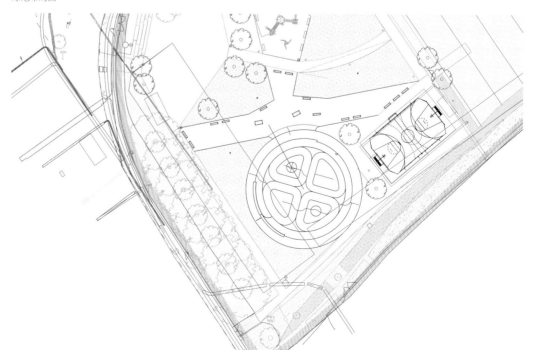

01
/ 街道后方设有游乐场
02
/ 街道与相邻步道
03
/ 流动区全景图

街区早期布局图

步道

步道细部图

流动区布局图

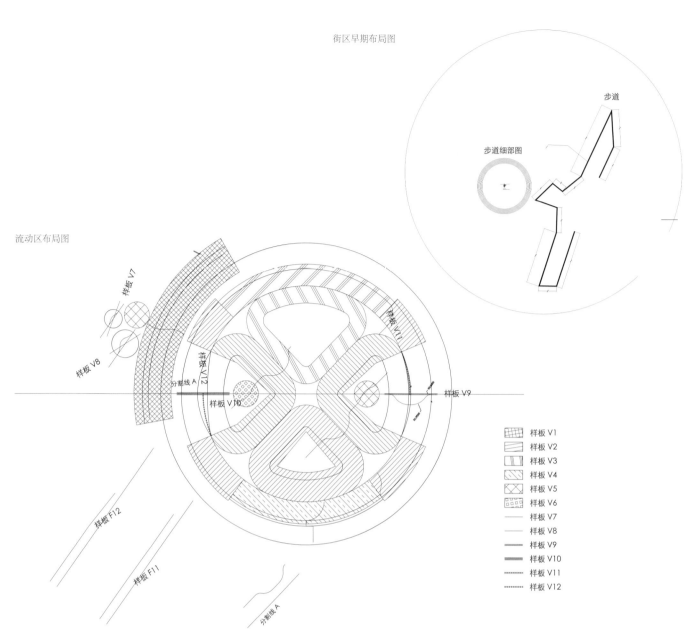

样板 V7

样板 V8

样板 V12

分割线 A

样板 V10

样板 V9

样板 F12

样板 F11

样板 V11

分割线 A

▦	样板 V1
▨	样板 V2
▥	样板 V3
▨	样板 V4
▨	样板 V5
▦	样板 V6
—	样板 V7
—	样板 V8
—	样板 V9
—	样板 V10
▪▪▪	样板 V11
····	样板 V12

04
/ 场地左侧的滑板场、右侧的游乐
场和"Le Ginguette"快餐店
05
/ 碗池顶部扩建
06
/ 背部速率线减少
07
/ 滑板公园可以满足各层次滑板爱
好者的使用需求
08
/ 流动区

埃尔迈拉滑板公园

项目地点 /
加拿大, 安大略省, 埃尔迈拉市
项目面积 /
800 平方米
建成时间 /
2014
滑板公园设计 /
Spectrum Skateparks 有限公司
项目预算 /
40 万加元
摄影 /
吉姆·巴纳姆 (Jim Barnum) /
Spectrum Skateparks 有限公司
委托方 /
伍尔维奇娱乐基金会 (Woolwich
Recreation Foundation)

埃尔迈拉狭长的线性布局与邻近街道的布局一致。大地色混凝土与景观过渡空间缓和了混凝土给景观带来的影响。入口通道和观景区被定义为非滑板区。埃尔迈拉是著名的加拿大一级枫糖浆生产区,因此当地的滑板者要求在公园内设置一个枫叶标志,这个标志是当地街区的一大亮点。该项目的设计充分利用场地内的现有树木,旨在为主动使用者和被动使用者提供一个舒适的使用环境。

公园由碗池和街区组成。狭长的街区布局为滑板者提供了一个玩滑板的好去处,他们无需花钱去大型的滑板公园玩滑板。狭长的线性布局是街式滑板的基础,滑板者可以利用一条线上的障碍物实现想要的挑战效果;在这座公园内玩滑板的感觉与在街道上玩滑板的感觉相似,虽然这里仅仅是一个理想化的街式滑板区。尽管其他拥有相似面积的公园也有相似的狭长布局,但是这座公园却不会给滑板者一种被关在动物园中的感觉,他们可以尽情在街道内驰骋。街道上设有各式各样的障碍物,可以满足各层次滑板者的使用需求。

碗池的形状较为新颖,并不是常见的肾形和蛋形,而是与线性街区保持一致。1.5 米高, 2.6 米深的碗池足以给滑板者带来刺激的体验。碗池因其独特的外形和具有挑战性的深度吸引了众多滑板爱好者到公园内畅享滑板运动带来的快感。

01
/ 从 7 号码头望向滑板公园
02
/ 滑板者向平坦的地面划去

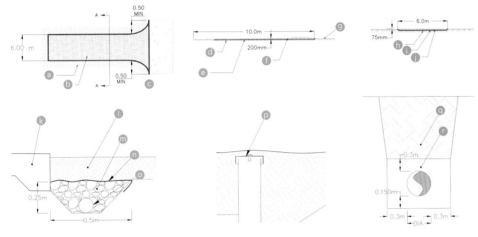

ⓐ 原有场地
ⓑ 100 毫米 – 150 毫米岩石
ⓒ 原有路面
ⓓ 原有场地
ⓔ 滤布
ⓕ 100 毫米 – 150 毫米岩石
ⓖ 原有路面
ⓗ 原有场地
ⓘ 滤布
ⓙ 100 毫米 – 150 毫米岩石
ⓚ 滑板公园
ⓛ 150 毫米表层土
ⓜ 19 毫米填石排水沟
ⓝ 无纺布滤布
ⓞ 100 毫米多孔管
ⓟ 埋在地下的清洗口
ⓠ 挑选回填土
ⓡ 垫草

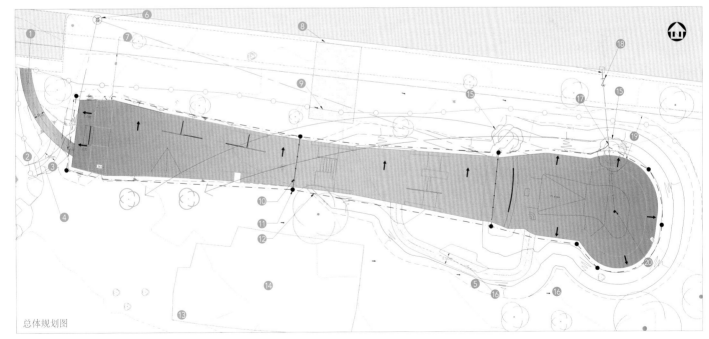

总体规划图

① 拟建 1.5 米宽的混凝土道路
② 墙体
③ 藤架
④ 拟建 1.5 米宽的沥青道路
⑤ 草坪
⑥ 水阀
⑦ 从滑板公园延伸至地界线的 6 米的管线
⑧ 车辆追踪器
⑨ 侵蚀与泥沙控制围栏
⑩ 与清洗口相连的结实牢固的雨水管线
⑪ 100 毫米清洗口
⑫ 外周长：100 毫米多孔管
⑬ 花坛
⑭ 菜园
⑮ 需要重新安置的树木
⑯ 拟建 1.5 米宽的沥青道路
⑰ 将附近的排水管与雨水管线连接起来
⑱ 回水阀或等效装置
⑲ 从滑板公园延伸至地界线的 6 米长的管线
⑳ 雨水排水口

————□———— 雨水管线
– – – – – – 多孔管
▨▨▨▨▨ 沥青路面
———————— 原等高线
———————— 拟定等高线
→ 总体坡向

159

梅尔运动公园

项目地点 /
荷兰，阿姆斯特丹
项目面积 /
2.4 万平方米
建成时间 /
2010
景观设计 /
Carve 设计公司
摄影 /
Carve 设计公司

城市仍在不断地扩张其外围边界和增加其内部密度。城市的这种发展使大量现存的绿色区域之用途发生了改变，如城市外围的运动公园。出于经济原因，这些绿色区通常都用于兴建住宅或办公楼，之前构建聚集地的功能被重新定位到了郊区。与此同时，公园的使用更加频繁（一定程度上是由于人口的变化），绿化区在日常休闲领域发挥着越来越重要的作用。这个问题给我们带来了一个新的挑战，答案是全世界城市外围中的公园都在减少，尽管绿色区在城市环境中越来越重要。我们如何维护这些绿色区域，并调整和适应当前社区公园的需要。"Middenmeer-Voorland" 体育公园就是一个最好例子: 改变城市环境的绿地改革。

之前的运动公园是阿姆斯特丹东区的绿色区域，位于城市的 Watergraafsmeer 区、Diemen 区和环形公路之间。一条走廊式的城市生态主体结构贯穿整个园区。体育公园中间那美丽的绿色地带很难被使用到。考虑到人口情况和人口需求的不断变化，问题就产生了: 如何将这块地方转变一下，使它可以供社区使用? 能转变成为公共公园吗? 城市委员会接受了将这个体育公园改造为社区公园挑战。

这座运动公园包括十个球场、一个田径场、一个篮球场和一个滑板场，四处遍布绿色细长的中央绿化干道。这条干道连接着相邻建筑物，在 1930 年的阿姆斯特丹形成了一个重要的轴线。它主要用作连接从阿姆斯特丹到迪门的骑车路线。干道地带被划分成几条较小的自行车道和人行道。在新公园的规划中，小径被进行重组，行人和自行车道被合并并被转移到干道的一侧。开放性绿化带的出现，大到足以容纳各种预期的综合功能，以适应城市社区公园新的休闲趋势和预期的附加设施。

① 停车场
② 公园中央
③ 游乐场地

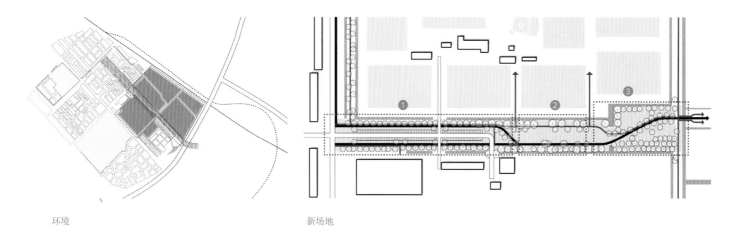

环境　　　　　　　　　　　　　　　新场地

01
/ 公园中央修设有自行车道
02
/ 公园中央设有野餐和烧烤设施

03

04

03–04
/ 游乐场地内修设有攀爬和滑行
  设施
05–06
/ 游乐场地内设有专业的漂砾墙

场地规划图

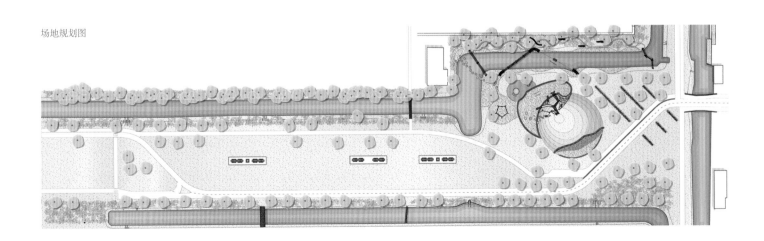

利珀公园

项目地点 /
德国，哈姆

项目面积 /
13.4 万平方米

建成时间 /
2013

景观设计 /
Scape 景观设计有限公司

摄影 /
马提亚·丰克 (Matthias Funk)，
索斯滕·胡布纳 (Thorsten Hübner)，
汉斯·布勒塞 (Hans Blossey)

委托方 /
哈姆市

在众多民众的参与下，矿井旧址"沙赫特·弗朗茨"被改造成西哈姆 Herringen 区最大的运动休闲公园。政府通过开展竞赛、成立顾问委员会来让民众参与变得制度化。顾问委员会评审和精选了 100 个项目理念。规划人员已经采纳了"五大世界宗教广场"等项目理念，并已在设计师的参与下对城市公园内的标志性区域进行规划和设计。

利珀公园的构造清晰且层次分明，所有道路和景点均围绕中央草坪修设而成。建筑的北侧是一座充满趣味的运动公园，公园内设有一个专业的滑板场，滑板场内设有碗池等设施，公园内还设有适应各种气候的运动场、攀岩墙、跑酷设施以及大厅和休息室。西侧的森林公园修设有游乐场和"五大世界宗教广场"。东侧的隔音屏障被改造成宽敞的堤路园，园内的步道和平台面向中心活动区而设。另外一条道路从路堤顶部穿过，人们可以从路堤上观赏到周围的美丽风景。南侧被墙体和白桦树林包围的入口广场是公园的象征。位于公园中央的矿井旧址还设有介绍 Herringen 矿业发展史的信息亭。

设计方案将所有元素与公园景象结合起来，同时突显出各个空间之间的差异。公园东侧被笔直的步道和花园包围，线性墙体和树木的布局设计清晰而简单。公园西侧边缘铺设有草坪，远处栽种有树木，而游乐场、烧烤区和会面区的设置实现了树林与开阔的公园草坪之间的平稳过渡。

总体规划图

01
/ 公园俯瞰图
02
/ 公园步道

平面图

① 运动公园
② 休息室
③ 矿井旧址
④ 游乐场
⑤ 阶梯式座椅区
⑥ 森林公园
⑦ 中央草坪区
⑧ 五大世界宗教广场
⑨ 步道
⑩ 路堤
⑪ 入口

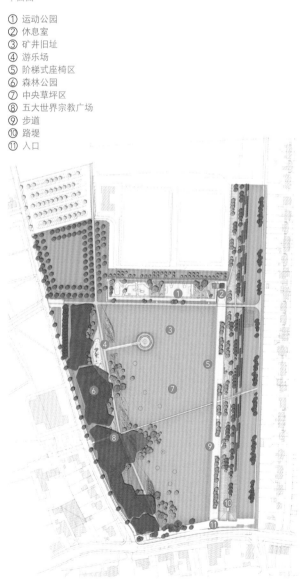

莫阿比特城市公园

项目地点 /
德国，柏林

项目面积 /
13,000 平方米

建成时间 /
2012

景观设计 /
格拉塞＆达根巴克景观设计公司
(Glasser and Dagenbach,
landscape architects)

摄影 /
乌多·达根巴克 (Udo Dagenbach)

该项目的设计理念是打造一个可供当地居民开展各种活动的城市公园。这座公园将为家庭和老人提供服务。前货运站莫阿比特前的空地可以满足人们的多种使用需求，人们可以在这里开展艺术文化活动、嬉戏玩耍或是会见友人。设有座椅的蜿蜒小路可以通往建筑和公园的后方区域。公园前方区域铺设有大型草坪，并栽植了 100 棵槐树。公园将这些槐树的树冠剪平，剪平后的树冠好似一个巨大的屋顶。

建筑东侧的区域可以满足民众的个性化需求。在合作开发的过程中，分割区域可以被打造成厨房花园、学校"实验花园"或是舒适的会面场所。市民花园内还修设有种植池等设施。建筑西侧是一个游乐场，无论是儿童还是成年人，均可以在这里玩耍和活动。

在对游乐场进行设计时，设计团队特地面向 4 至 12 岁之间的儿童展开了一个调查。孩子们的很多心愿都在游乐场的设计中得以体现，比如自行车道、移动设施、象征着货运站先前功能的木箱、秋千设施、波比车赛道等。公园北侧的地势略微抬高，从而形成了一个"露台结构"。铺设有大片草坪的公园南侧区域是一个种满果树和灌木的果园，果园的收益为当地居民所有。防噪声墙由凹面混凝土墙设计而成，混凝土墙的结构是参照货运站之前的功能设计的。

总体规划图

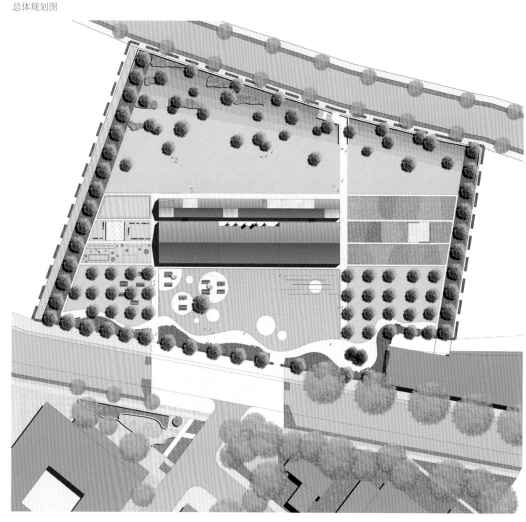

01
/ 草坪上栽种有果树并设有可供野餐
　使用的休闲座椅
02
/ 通往北侧入口的通道修设有红色的
　混凝土墙

设计方案效果图

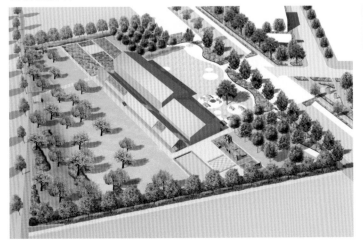

树荫下的草坪区效果图

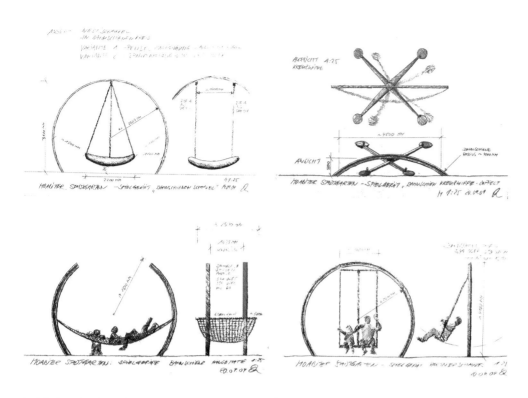

设计草图——各式用铁轨制成的秋千设施

03
/ 象征着货运站先前功能的木箱
04
/ 设在弯曲铁轨上的秋千设施
05
/ 设在弯曲轨道上的吊床设施

场地整体截面图

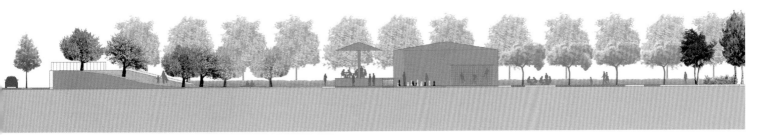

08

Schmul 公园

项目地点 /
美国，纽约

景观设计 /
James Corner Field Operations
有限公司

摄影 /
詹福瑞·陶塔洛 (Jeffery Totaro)

Schmul 公园其他区域的草坪上也盛开着色彩缤纷的花朵。开着黄色和紫色花朵的原生植物——黑眼苏珊花、二色金光菊、秋麒麟草属植物、紫松果菊、俄亥俄州紫露草属植物、浅紫松果菊、紫茎泽兰、常见的乳草属植物和白色的林地紫菀——广泛地种植于这片区域，用以营造出仲夏时节的美景。大片的草坪与 Freshkills 公园内部的草坪遥相呼应。设计团队仿照 Freshkills 公园内部的主要景观特色对 Schmul 公园进行设计，将天然草地引入 Schmul 公园。

Schmul 公园的设计方案对原有场地设施进行了彻底改造——原有场地设施均被设置在沥青表面之上——一个更为柔和、多彩、有趣的动态场景内。游乐场地用黄色、蓝色和橘色的橡胶打造出 Freshkills 公园内随处可见的土堆。柔软的橡胶表面上安装有两个秋千，一个是为刚学会走路的孩子准备的，另一个则是为学龄儿童准备的; 中等大小的土堆上修设有一个儿童城堡; 最大的游戏土堆上架起一座两米高的定制滑梯; 配备有两个塔器和四个鼓风式喷气发动机的喷头装置; 现场浇筑而成的定制混凝土椭圆形沙盒; 多个 Gametime X-Scape 多功能设施: X 线型登杆器、网状登杆器和轨道。公园内的篮球场和手球场周围设置有椭圆形的围栏设施。这些定制围栏借助不断变化的杆距营造出独特的空间感，将围栏的椭圆形外形生动地展现在游客面前。

01

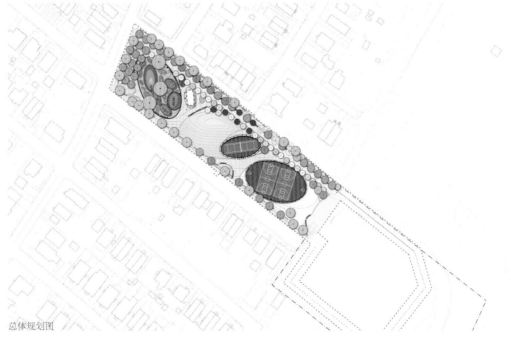

总体规划图

也许，Schmul 公园最重要的可持续性战略是公园内的雨洪管理措施。改造前，这片区域大多是不透水的沥青路面。设计团队对项目场地进行改造，铺面材料从用石筛灌注的橡胶材料到混凝土材料、flexi-pave 球场表面 (flexi-pave 和灌注橡胶) 和草坪，这些铺面均有助于地表径流渗入地下。雨水花园也可以拦截部分地表径流，使地表径流渗透至地下。公园东北侧边缘地带是一片生态湿地，从生态湿地溢出的水流可以引入雨水花园。事实上，透水铺面场地是渗滤系统的一个重要组成部分，场地下方设有几个大型的碎石滞留池。

概念图

篮球场概念图

莱姆维滑板公园

项目地点 /
丹麦，莱姆维
项目面积 /
2,200 平方米
建成时间 /
2013
景观设计 /
EFFEKT 事务所
摄影 /
EFFEKT 事务所
委托方 /
**莱姆维市政府、Realdania 基金会、丹麦文化与体育设施基金会
(Lokale og Anlægsfonden)**

2013 年春天，丹麦莱姆维市政府与景观设计团队 EFFEKT 合作，将临海港的一块坐落在美丽环境中的闲置工业用地改造成众望所归的娱乐休闲地。为了满足当地市民的多种需求，EFFEKT 事务所向不同年龄段的市民代表征求意见，旨在打造一个新型的城市空间。在 EFFEKT 与当地市民的共同努力下，一座集滑板公园与城市公园于一体的多功能公园呈现在公众面前，市民们可以在这里开展多种休闲娱乐活动。这座环境优美的滑板公园已经成为莱姆维市的一个新型社交空间，吸引了莱姆维市的居民们和滑板爱好者到此游玩和竞技。EFFEKT 事务所的米克尔·博霍 (Mikkel Bøgh) 说："位于海港的滑板公园为居民们提供了一个沿海休闲活动区。按照设想，我们将把"滑板 + 公园"打造成一个社交聚会的空间，它将成为城市滨海发展的催化剂，让海港成为休闲娱乐中心和城市重要的资产。"

项目伊始，设计团队便遇到了一个巨大的设计挑战：设计师们需要在公园和滑板场地之间做一个融合，而非硬生生地将灰黑色的粗糙地面搬入周围都是绿植的花园式场地；为了将单一的适合滑板的地面材料融合进一个更大的社区活动中心，设计师们最终决定采用混合型重力平台作为地板设计方案，这种地板不但可以满足滑板这项体育休闲运动的需要，同时也可以在上面从事一些其他的体育休闲活动，可谓是一举多得。与很多其他的城市活动一样，滑板运动起源于街头。随着滑板运动的逐渐普及化和商业化，人们开始将文体活动转移到这些远离市区的公园内。设计团队将滑板运动与其他休闲活动融合在一起，并让滑板文化重返城市中心，滑板者和其他群体均从这一设计理念中获益，而"滑板 + 公园"的设想也为这片闲置的工业用地注入了新的活力。

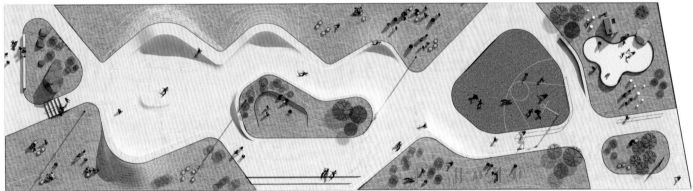

场地规划图

01
/ 滑板公园鸟瞰图
02
/ 篮球场

功能分区图

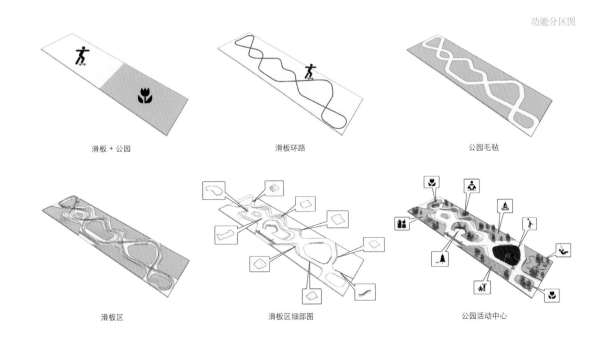

滑板 + 公园

滑板环路

公园毛毡

滑板区

滑板区细部图

公园活动中心

03
/ 篮球场旁的沙坑
04
/ 在场内玩滑板的滑板爱好者
05–06
/ 草坪

05

06

三维模型

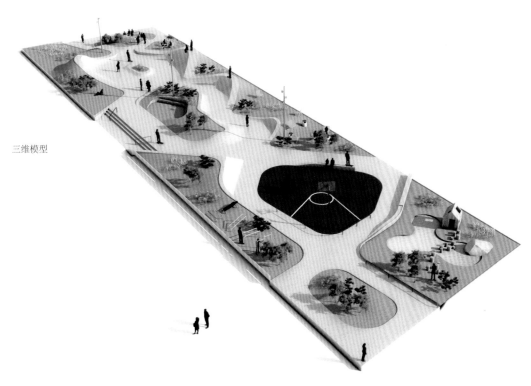

① 100 毫米 –120 毫米混凝土
② 100 毫米 –120 毫米沥青
③ 泥浆
④ 草坪
⑤ 分界线
⑥ 土壤
⑦ 沙坑

剖面图

07
/ 蓝球场与滑板场重叠
08
/ 主滑板场
09–10
/ 孩子们尽情地在公园内嬉戏玩耍

张庙科普健身公园

项目地点 /
中国，上海

项目面积 /
4000 平方米

建成时间 /
2013

景观设计 /
创盟国际 (Archi-Union Architects)

这是创盟国际在上海宝山区典型的工人新村区域进行的公共空间实践。工人新村代表了一个时代，创盟国际设计团队通过调研与设计，希望通过新增街道转角的微型绿地，改变原有消极的线列式城市肌理，为整个没落的老龄化城市区域提供更多的公共空间活动的可能。整个设计在"景观都市主义"理论的指导下，重新整合城市步行与绿化空间系统，通过增加运动功能来强化生活化的街角以及充满活力的微观城市更新。他们运用唤醒跑道空间提供来晨跑与散步的可能；广场空间提供来广场舞的空间；预制钢构件的长廊为年轻的情侣提供驻留的可能。设计师们通过这些城市空间的微更新，探索了工人社区空间的微更新，探索了工人社区空间的民主性、公共性以及活力的可能，这小小的街角也是一次小小的城市更新实践。

张庙科普健身广场的设计代表了我们的一种城市更新态度，通过市民的自发活力塑造城市空间的形态，步道、广场舞平台、交流区与绿化相融共生。整个设计在"景观都市主义"理论的指导下，运用景观系统打造城市转角空间，塑造了一个结合跑道、广场、绿化景观的生态系统。原有的这个街道转角虽然提供了最基本的市民活动可能，但并未给整个区域提供公共活动的更多选择。设计师们在整个绿地设计的过程中结合原有的功能需求，提供城市活力空间，重新整合整个绿地的空间与城市功能需求，提供不同视角的城市绿地改造可能。

01

01
/ 运动公园航拍图
02
/ 概念规划图

场地规划图

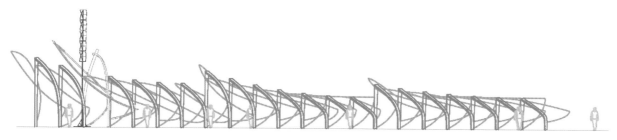

组合立面图

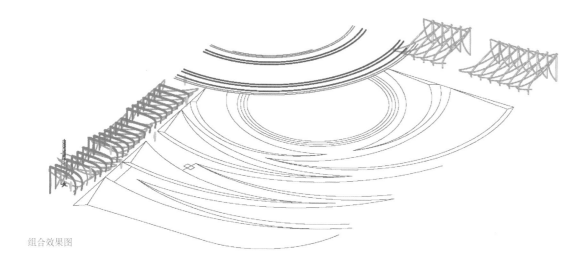

组合效果图

① 入口
② 保留下来的广场
③ 活动广场
④ 公园

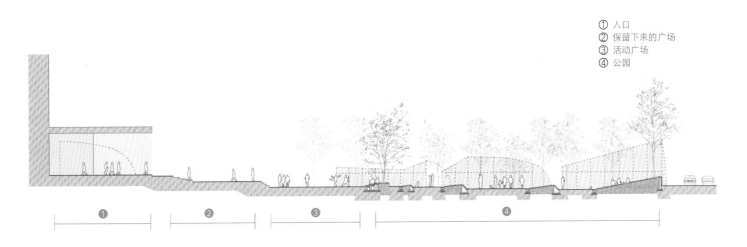

立面图

08

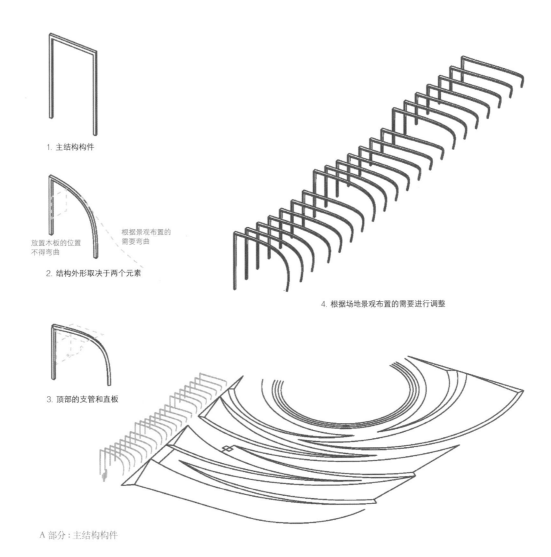

1. 主结构构件

放置木板的位置
不得弯曲

根据景观布置的
需要弯曲

2. 结构外形取决于两个元素

3. 顶部的支管和直板

4. 根据场地景观布置的需要进行调整

A 部分：主结构构件

贝尔康纳滑板公园

项目地点 /
澳大利亚，首都特区，堪培拉

项目面积 /
2,800 平方米

建成时间 /
2012

景观设计 /
Oxigen 事务所、Convic 设计公司

项目预算 /
180 万澳元

摄影 /
Oxigen 事务所、Convic 设计公司、
茱莉亚·科丁顿 (Julia Coddington)、
《堪培拉时报》、Mantccna 有限公司

委托方 /
首都特区政府

贝尔康纳滑板公园在澳洲滑板景观设计史上占有重要的地位，同时也标志着澳洲滑板和自行车越野运动的逐渐兴起。这座既可反映过去又能代表未来的滑板公园如今已经是许多澳大利亚及国际滑板、自行车越野赛的场地，以后也将会成为滑板运动的标志性公园。该项目也是滑板公园与堪培拉开放空间相结合的代表性案例。

设计团队与堪培拉滑板协会、企业主、当地的学校、青少年活动中心、当地的滑板选手和堪培拉大学开展合作，进行广泛的协商和背景调查工作，以为该项目争取到更多的社会支持。在协商过程中，设计团队发现滑板者更偏爱街头广场风格的障碍物，他们喜欢安装有扶手的楼梯等城市街道上的障碍物。因此，设计团队决定设计一些可以融入街道景观的雕塑形式的障碍物。这些造型独特的滑板障碍物是贝尔康纳滑板公园的一大亮点，使其从世界各地的其他公园中脱颖而出。

① 桥 + 堤坝
② 约翰·奈特纪念公园
③ 平台
④ 拟建凉亭
⑤ 拟建湿地和木栈道
⑥ 金宁德拉湖高中
⑦ 贝尔康纳滑板公园
⑧ 翻新后的碗池
⑨ 贝尔康纳滑板公园
⑩ 岸边

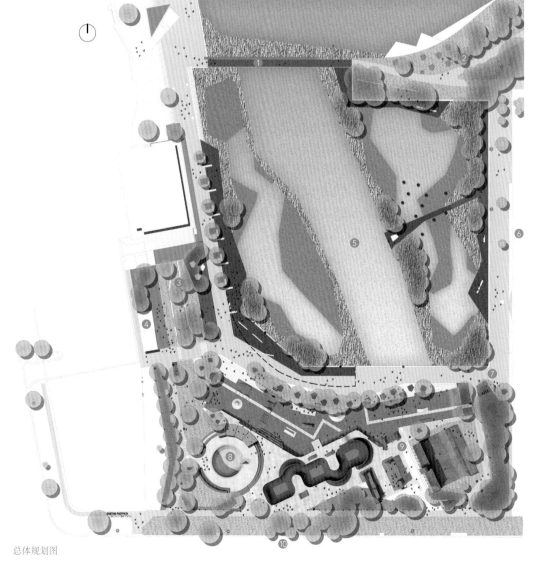

总体规划图

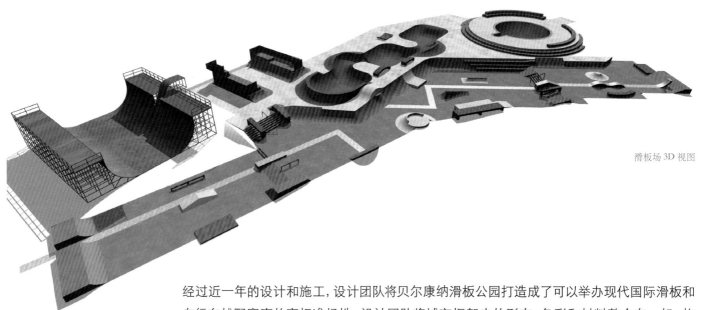

滑板场 3D 视图

经过近一年的设计和施工，设计团队将贝尔康纳滑板公园打造成了可以举办现代国际滑板和自行车越野赛事的高标准场地。设计团队将城市框架内的形态、色彩和材料整合在一起，构建出这座专业性的滑板公园。这类有关艺术性滑板公园的设计在澳大利亚尚属首例。该项目的设计具有一定的挑战性。滑板公园旁边是一座人工湖，设计师需要对 3 米的水平高度变化进行妥善处理，修设可以走近湖边的有色混凝土台阶，而这些台阶也可作为各层次滑板者的竞技项目使用。新街式滑板场的设计融入了多个雕塑形式的障碍物、迷你坡道和可以观赏到湖面风光的阶梯式座椅区。设计团队采用多种色彩和质地的混凝土铺装材料将滑板公园打造成一个令人振奋的探索性地带。形态与色彩的结合让滑板者获得了一种刺激、新鲜而又充满活力的滑板体验。

怀尔德山地自行车道

项目地点 /
澳大利亚, 新南威尔士州, 塞西尔山
项目面积 /
1.6 万平方米
建成时间 /
2014
景观设计 /
Group GSA
项目预算 /
200 万美元
摄影 /
西蒙·伍德 (Simon Wood)
委托方 /
悉尼西部绿地信托
获奖 /
2015 年澳大利亚景观设计师协会 (AILA)
新南威尔士奖项——景观设计奖
2015 年澳大利亚景观设计师协会 (AILA)
新南威尔士奖项——人民选择奖

怀尔德山地自行车道位于悉尼西部绿地坎伯兰峡谷林地内的西悉尼公园的中央地带。新建成的山地自行车道主要用于举办山地自行车比赛和自行车越野赛。此外, 这里还为初学者和有经验的骑手设置了停车场、遮阳棚和非正式看台。自行车场地设施由土坡场、跑道和 12 公里的山地车道组成。怀尔德山地自行车道不仅可以满足人们日常的休闲娱乐需求, 还可以满足大型自行车赛事期间的集中观看和露营需求。

怀尔德山地自行车道项目的特别之处在于:
• 满足了悉尼海湾和周围住宅区居民对山地自行车设施日益增长的需求。
• 满足了悉尼当地居民对休闲娱乐设施的需求。
• 项目场地为居民们提供了一个开展社交活动的场所。
• 设计团队在山地车道的入口为自行车骑手和公园游客修设了多种设施, 山地车道的设计也可满足儿童和成年人的骑行需求。

03

- 山地车道为人们提供了在坎伯兰峡谷林地内休闲娱乐的机会，人们可以在这里获得独特的休闲体验。
- 山地车道前端和停车场设施与自然景观很好地融合在一起。
- 简洁且充满生机的设计元素和建筑结构反映出山地车文化与审美趣味。
- 山地车道入口处座椅、遮阳棚和非正式看台的设置彰显出这片区域独特而显著的特点。
- 怀尔德山地自行车道项目为各层次的骑手提供了多种不同的车道选择，其中包括具有挑战性的跑道和土坡场。塞西尔山的地势使可以满足各层次骑手需求的山地车道的修设成为可能。
- 项目设计的适应性强，不仅可以满足人们日常的休闲娱乐需求，还可以满足大型自行车赛事期间的集中观看需求。
- 山地车道可以为骑手和游客提供探索、挑战和亲近大自然的机会。

04

05-06
/ 高地观景台和车道起点
07
/ 场地道路与车道起点相连
08
/ 小型遮阳棚
09
/ 公开赛场地平面图

贝内西亚休闲公园

项目地点 /
智利，特木科

项目面积 /
8,400 平方米

建成时间 /
2014

景观设计 /
杰米·阿拉尔孔·富恩特斯
(Jaime Alarcón Fuentes)

摄影 /
Treile 影视制作公司

委托方 /
特木科市政当局和住房城市规划部

贝内西亚休闲公园是一个借助社会和城市干预让市中心社区恢复生机与活力的政府开发项目。

这座公园为当地居民提供了一个可以休闲、放松和运动的公共城市空间，项目还包括对特木科市周围的河流进行规划。由于公园的使用率高且规模大，这里可以开展参与性高的项目，满足当地居民大规模使用和个体使用的需求。例如，开展爬杆取物、特洛亚斯和跳房子等经典的智利游戏和大规模的舞台表演活动、城市野餐活动。这座公园与社区很好地融合在一起，因而被称为"城市休闲室"。

该项目的设计理念是打造一个可以改善住房空间不足问题的中级项目。起居室是一个供家庭成员团聚、供儿童做游戏的空间，但却并非是每个家庭中最重要的空间。房屋密度决定了一切；建筑内的土地使用超越了区域范围，城市空地的存在为公共空间品质的提高提供了可能。

因此，设计团队决定打造几个可以满足常规使用需求的空间。这些空间与公园内部相连，废弃的空间被改造成临时空间，并可根据天气、季节和节日需要进行调整。

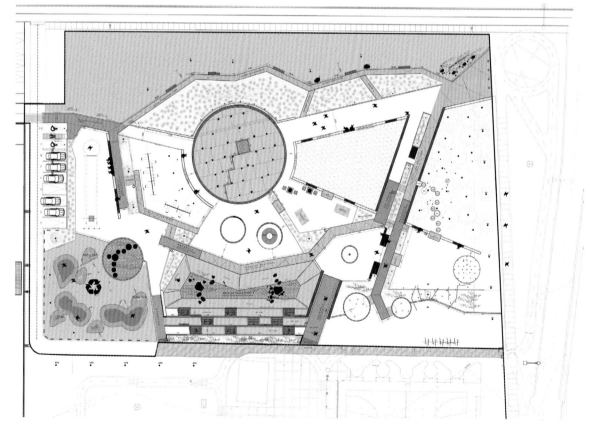

场地规划图

202

01
/ 公园航拍图
02
/ 城市公园和野餐区内的天然排水
  通道
03
/ 排水区管道

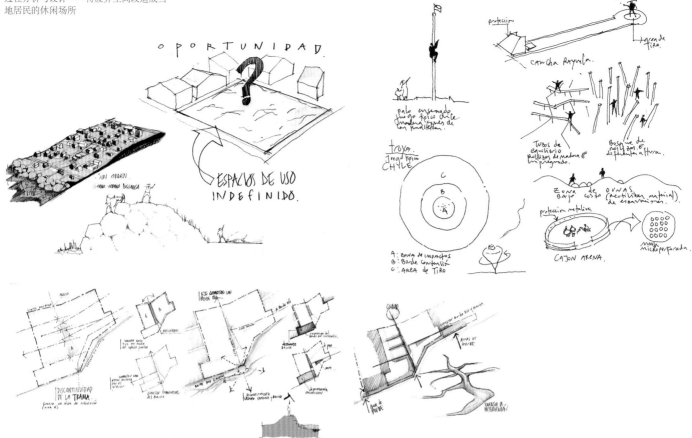

海泽胡瑟讷文化活动空间

项目地点 /
丹麦，海泽胡瑟讷
项目面积 /
6,500 平方米
建成时间 /
2013
景观设计 /
LIW 规划设计公司
项目预算 /
580 万丹麦克朗
摄影 /
亚历山德拉·夸德尔·坎波
(Alexandra Quaade del Campo)
委托方 /
海泽胡瑟讷城市改造委员会、
霍耶 - 措斯楚普自治市

海泽胡瑟讷是隶属于丹麦首都大区的一个郊区小镇，在 20 世纪 70 年代末至 80 年代，小镇的住宅开发项目得到了大力发展。这个文化活动空间便位于海泽胡瑟讷小镇边上的一个公共住房区内，这里先前是公共住房区的一个普通停车场。

从大环境来说，位于运动中心、网球馆、FDF 监控室和建有清真寺的新文化中心之间的文化活动空间是连接城市公园、普通住宅区和车站周边道路的重要纽带。这个文化活动空间也是当地的一个拥有巨大潜力的广场，人们可以在此举办多种不同的休闲娱乐活动。

项目场地周围建有多栋建筑，因此，在对文化活动空间进行设计时，设计团队还需要将人们的停车需求考虑在内，将这里打造成一个安全、充满生气的城市空间。设计团队接受了这项挑战，将现有停车场地的设计重点放在优化空间布局上，在一个免费开放的空间内实现体育活动和车辆停放的良性互动。沥青路面上的图形和游乐、体育设施不仅可以鼓励更多的海泽胡瑟讷居民参与到休闲娱乐活动中来，还可以为开车者指明停车场的位置。

场地设计由两部分组成，分别是灵活性较好的休闲娱乐活动区和分区停车场，可以确保车辆停放不会与正在开展的各种活动发生冲突。设计团队将设计重点放在和优化空间布局上，在一个免费开放的空间内实现体育活动和车辆停放的良性互动。

场地规划图

01-02
/ 多功能游乐场内为孩子们准备的
  秋千和单杠设施

项目实施期间，设计团队与利益相关者和使用者就他们对在文化活动空间内开展何种活动以及如何发挥文化活动空间的最大效用展开了密切的沟通与联系，优化空间布局，满足车辆停放需求的同时，还设置了跳蚤市场，骑车者和行人可以从这里穿行而过，儿童、青少年和成年人也可以在这里玩球、攀岩和散步。参与联合投资的丹麦文化与体育设施基金会在新闻稿中将该项目描述为"如何为人们提供一个可以开展体育活动的停车场和一个可以观望体育活动的会面场所的最佳设计范例"。

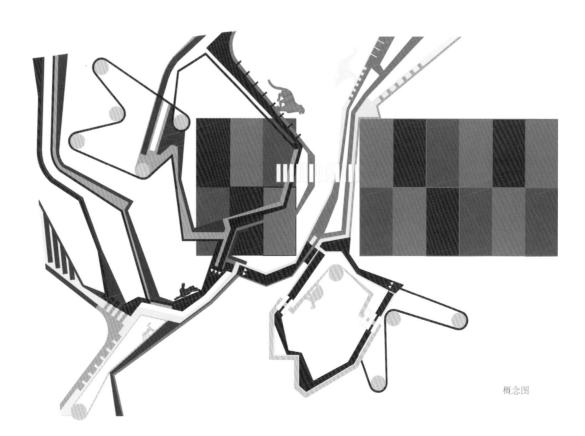

概念图

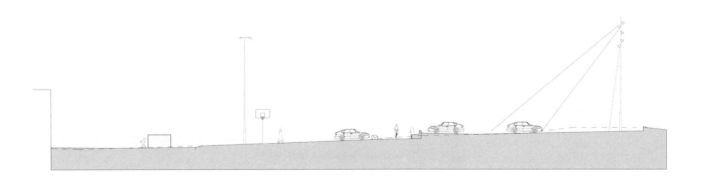
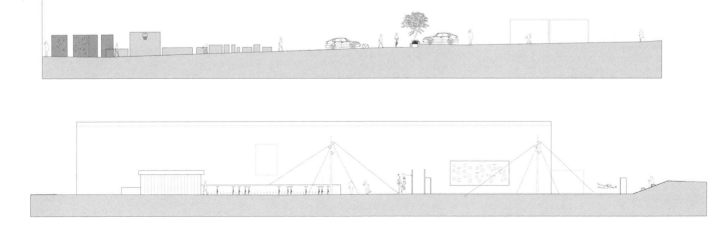

剖面图

火箭公园微型高尔夫球场

项目地点 /
美国，纽约

项目面积 /
860 平方米

景观设计 /
**马克·K. 莫里森景观设计联合公司
(Mark K. Morrison Associates)**

建筑设计 /
**李·H. 斯科尔尼克建筑设计联合公司
(Lee H. Skolnick Architecture +
Design)**

项目预算 /
130 万美元

摄影 /
纽约科学馆

委托方 /
纽约科学馆

位于纽约科学馆的火箭公园微型高尔夫球场是一个户外微型高尔夫球场，吸引了众多访客到此游玩。球场内设有九个洞口，每个洞口代表一项特殊的太空使命，从升空到溅落，轨道则是叙事结构的基础。高尔夫球的运动轨迹向人们阐述着地球模拟系统中的天体物理学原理。

委托方将这个独特的教育环境视为展示经典牛顿物理学(科普教育中的重要环节之一)的媒介。李·H. 斯科尔尼克建筑设计联合公司与微型高尔夫球场的承包商合作，对项目的整体规划和布局进行设计。与高尔夫球场配套而建的中央广场被设计成月球表面的构造。现场浇筑而成的无缝三元乙丙橡胶 (EPDM) 铺面材料是用回收轮胎制成的，用以为游客制造出"月球行走"的感觉。长椅和景观不仅可以改善公园的拥挤状况，还可以为家长提供观察孩子活动的设施。

高尔夫球场的外观和感觉是在 20 世纪 50 年代末至 20 世纪 60 年代初的大众文化和太空时代研究的启发下设计出来的。在对球场上的 9 个洞口进行设计时，设计团队将回旋飞镖的形状、人造卫星似的亮光和原子轨道等概念融入到洞口的设计中。每个球洞采用其中的一种图案设计而成，人们在完成一个项目后便会对其中的教育信息和指导说明产生深刻的认识。球场上的图案向人们阐述了多个物理概念。每个球洞均采用涂漆钢制成，用以增加设施的耐用性——部分球洞的设计还融入了机械化元素，以营造出"危险氛围"或是提示操作者成功进球。多彩的人造景观、不断变化的挑战、复古的图案和景观共同构成了这个脱离现实的火箭飞船穿越时空之旅。

李·H. 斯科尔尼克建筑设计联合公司 (Lee H. Skolnick Architecture + Design Partnership) 的设计师与微型高尔夫球场的承包商合作，对项目的整体规划和布局进行设计。

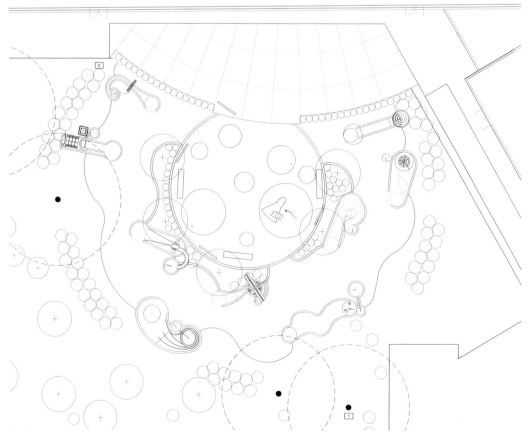

01
/ 火箭公园以两个 30.5 米高的火箭——
泰坦二号火箭和阿特拉斯火箭为背景

02
/ 李·H.斯科尔尼克建筑设计联合公司
的设计师设计了 9 个可以向游客介绍
航天器学基本物理原理的洞口

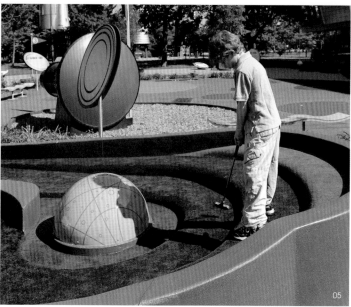

高尔夫球的运动轨迹向人们阐述着地球模拟系统中的天体物理学原理

① 路堤
② 重力回流槽
③ 火星
④ 木星
⑤ 旗杆顶部的小地球
⑥ 展品设计师设计的旗子
⑦ 高尔夫球取球区
⑧ 旗子
⑨ 5'-0" 转向半径

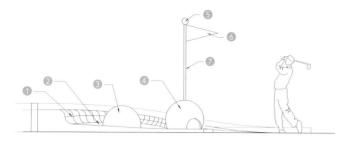

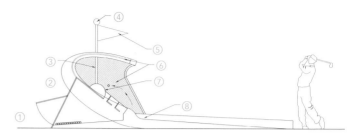

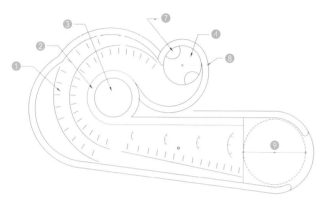

① 高尔夫球隔层
② 通道门
③ 旗杆
④ 旗杆顶部的小地球
⑤ 展品设计师设计的旗子
⑥ 球网
⑦ 目标地球模型
⑧ 高尔夫"滚球"坡道
⑨ 5'转向半径

李·H.斯科尔尼克建筑设计联合公司设计的火箭公园微型高尔夫球场原始草坪

216

普兰尼卡北欧滑雪中心

项目地点 /
斯洛文尼亚,普兰尼卡
项目面积 /
22 公顷
建成时间 /
2015
景观设计 /
AKKA工作室
滑雪、塔楼和桥梁设计 /
Studio Abiro Architects
中央建筑、服务和热身建筑 /
Stvar architects
项目预算 /
4 千万欧元
摄影 /
米朗·卡姆比克 (Miran Kambič)
委托方 /
斯洛文尼亚共和国体育部

该项目主要是以工程、施工场地和自然区域之间的深远关系为基础而设计的。地形的精确规划、材料的系统选择和缩减、大胆的结构都应该与山脉的轮廓、松树和山毛榉树林的静谧相一致。该项目需要考量多方面的关系: 坚硬和柔软、持久和短暂、寒冷和温暖、纪念性和私人的关系。从冷峻的山脉到混凝土结构无不体现出这片区域的季节性变化。夏末时节,无论是山间林木还是绿色坡道,均展现出生机勃勃的景象。

北欧滑雪中心普兰尼卡位于斯洛文尼亚最大的环境保护区前端,是特里格拉夫国家公园的入口之一,这座大型的滑雪场拥有自己的定位,不存在冗余的设计。以阿尔卑斯山脉为背景滑雪场展现出卓而不凡的气度。图像细化也因此得以在使用和定位等层面上展开。该项目的设计遵循了大型体育设施在技术和结构上的要求,将空间的新特性清晰地呈现出来。滑雪场与周围山地景观的自然动态形式形成对比,设计师打造出了一个工程结构合理、技术堪称完美的大型体育设施场地,其壮观程度完全可以与宏伟壮丽的阿尔卑斯山脉相媲美。成扇形散开的滑雪跳台借助空间秩序将各个元素整合为一个不分层次结构的整体。

01

01
/ 以阿尔卑斯山脉为背景的滑雪场
  展现出卓而不凡的气度
02
/ 越野滑雪道俯瞰图

北欧滑雪中心场地规划图

① 滑雪跳台
② 碎石 - 草坪台阶
③ 雨水流量
④ 水池
⑤ 日间游客中心
⑥ 停车场
⑦ 越野滑雪道

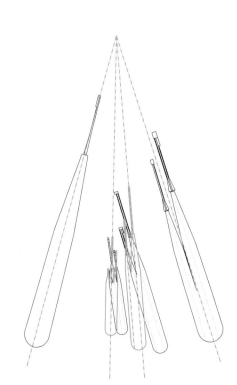

呈扇形散开的滑雪跳台借助空间秩序将各个
元素整合为一个不分层次结构的整体

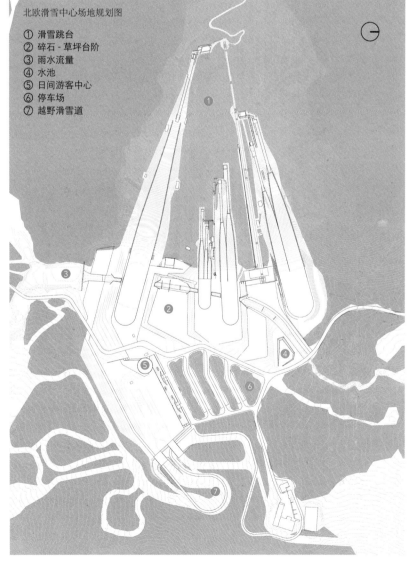

滑雪跳台的设计通常会牵涉到大量的基础设施和后勤支持工作,用以为大型赛事提供支持和服务。当超过 3 万人口来到这个脆弱的山谷时,滑雪跳台运行性能的充分发挥使得这一建筑形式有了存在感。但在平时,年轻的跳台滑雪者很少会来这里训练,这时,滑雪跳台的简单性和坚固性便再次展现出来,同时也映衬出山谷的壮观景象。包括日间游客中心在内的所有服务型建筑,都建在滑雪场的边缘地带,在这里,人们可以看到滑雪场的全貌。

04

03
/ 儿童和青少年的滑雪训练跳台
04
/ 北欧滑雪中心呈扇形散开的 7 个
   滑雪跳台和高耸的山脉

03

比赛场地的布局方案：观众

越野滑雪道，背景是滑雪跳台

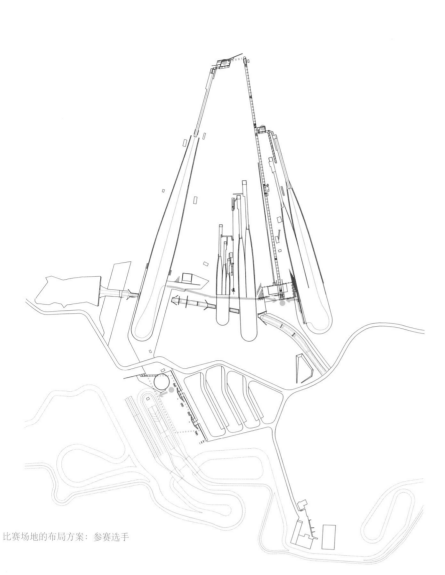

比赛场地的布局方案：参赛选手

10

09

09
/ 修设在林间的 HS84 滑雪跳台
10
/ 设置在林间的越野滑雪道可供滑
  雪比赛或日常休闲使用
11
/ 雨水流量控制护栏与滑雪跳台融
  为一体

花园感运动公园

项目地点 /
德国，基尔

项目面积 /
35 公顷

建成时间 /
2013

景观设计 /
**凯斯乐·克雷默景观设计公司 (Kessler.
Krämer Landschaftsarchitekten)**

项目施工初期，公园的设计手册便已编辑完成并获得了有关各方的认可。这本手册可为公园设计提供同类的设计方案，同时也是确保公园下一步施工质量的保证。长椅、垃圾箱、指示标识、栏杆和照明设施等标准化设施的布置、路面铺装的结构和质量、跑道地面和坡道的处理均在设计手册中有所提及。

该项目旨在打造一座外观独特的运动公园，用以吸引更多的民众参与到公园活动中来。在对设计手册进行编辑时，还将先前设计标识和"青色"元素融入其中——例如公园入口处 3 至 5米高的运动雕塑和蓝色的地面铺装。

除了独特的外观之外，这座运动公园内的设施还具有耐用性好、价格便宜的特点。公园内的桌椅均采用脱氧钢设计而成，桌椅表面覆有坚固的塑料层。运动和游乐设施均采用金属材料而非木料制成。另外一个重要的特点是，公园内的设施使用范围广泛，轮椅使用者或是滑板者均可使用这里的设施。

总体规划图

01
/ 运动公园是一个受大众欢迎的
  会面场所
02
/ 游乐场的蓝色橡胶铺面
03
/ 轮椅使用者也可以使用旋转设施

在确定这个开放空间的整体理念、制作设计手册的同时，基尔大学的体育与运动科学学院还制作了一个"共同利益"模型，当地运动俱乐部、福利事业合伙人以及市政部门合作者的利益均在这个模型中有所体现。这个群体定期会面，商讨公园的未来发展方向，并向新的合作者敞开大门。

运动公园面向公众免费开放。公园也面向运动员和运动团队开放，因此内部开设多家运动俱乐部，并可开展使用者自发组织的活动。不同年龄、不同身体状况、不同文化背景的人群均可在公园内锻炼身体或是约见友人。当然，公园也欢迎那些残疾人到公园活动。

效果图

04
/ 模拟小山坡上设有游乐区和野
  餐区
05-06
/ 用来锻炼攀爬和平衡能力的游
  乐设施

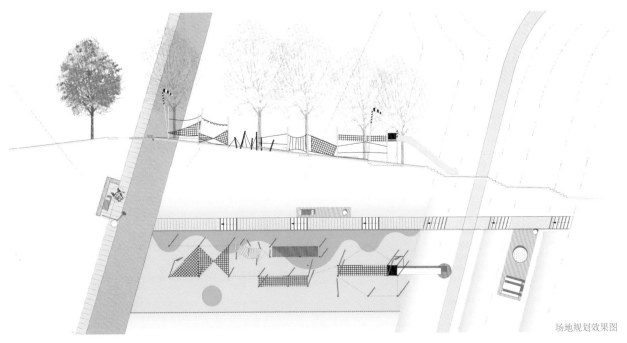

场地规划效果图

229

07
/ 运动公园入口处 6 米高的钢制标识
08
/ 街头篮球
09
/ 为老年人打造的健身区位于球类
游戏区旁边
10
/ 游乐运动场地均采了用蓝色橡胶
铺面

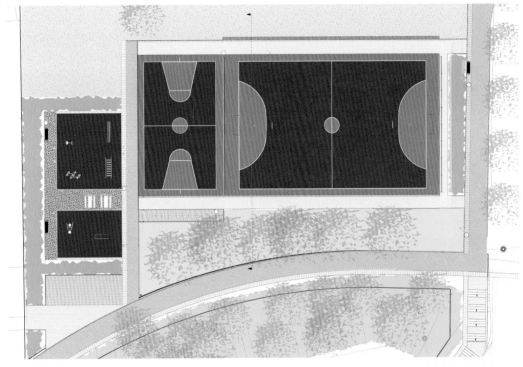

球类游戏区平面图

篮球场平面图

拉廷根多功能运动设施

项目地点 /
德国, 拉廷根

项目面积 /
12,200 平方米

建成时间 /
2012

景观设计 / **迈尔景观事务
所 (Betonlandschaften/
maierlandschaftsarchitektur)**

项目预算 /
34 万欧元

摄影 /
**拉尔夫·迈尔 (Ralf Maier),
桑德拉·施泰因 (Sandra Stein)**

委托方 /
拉廷根市

2005 年 6 月的暴雨事件后, 拉廷根市决定在西区建立一个雨水贮留池。当时的洪水造成了数百万美元的损失。计划在冰上运动场附近的现有公园附近建地下雨水贮留池, 可容纳 1.7 万立方米的水。

由于贮留池天花板的尺寸和位置的限制, 不能深于地下 950 毫米。此外, 公园的东南有一条输气管道。雨水贮留池上方至今尚未修建多功能体育场和操场设备。此外, 只有小灌木可以在该地区种植。在公园东北方, 有一个可以满足所有要求的滑板公园。单线滚轴溜冰曲棍球场只有在西部地区才能看到。

滑板公园计划与当地滑板俱乐部合作。滑板公园分为两个主要区域: 街区和碗型滑板场。街区的特点是使用无斜角的混凝土板建造而成, 从而留出了一片空地。岸沿、路边和铁路为滑板技巧提供多种可能性。此外, 你可以在这里和小轮车 (BXM) 骑游地玩"滑板"游戏。街区附近为休息者和观众们设置了新的长凳。

图例		
混凝土路面	① 冰上运动场	⑨ 输气管道走廊
土堤	② 工业建筑	⑩ 球场围栏
过渡区	③ 滑板场	⑪ 检修井
路缘石	④ 单线滚轴溜冰曲棍球场	⑫ 人行桥桥头
围栏	⑤ 多功能体育场	⑬ 原有步道
沥青路面	⑥ 游乐场	⑭ 平衡木
混凝土板	⑦ 地下雨水贮留池	⑮ 水结砾石
水结砾石	⑧ 围栏	⑯ 鸟巢秋千

总体规划图

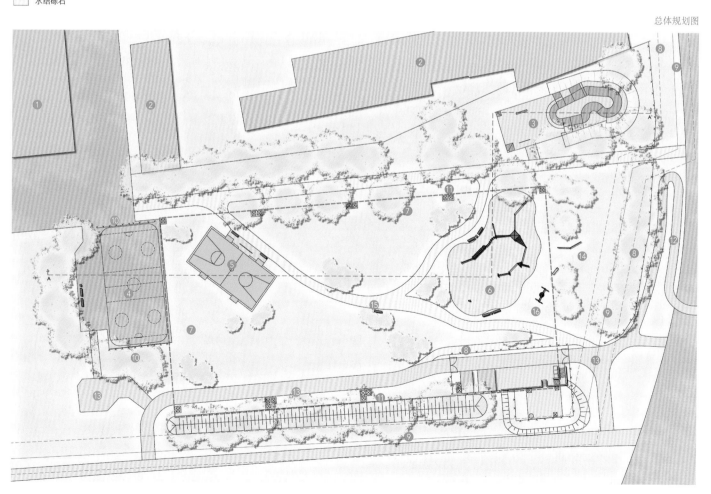

01
/ 拉廷根街头曲棍球比赛
02–03
/ 孩子们在多功能体育场内踢足球

碗型滑板场就像是一个混凝土建造的"碗"。这个根据用户的要求定制的独特形状，完全是靠手工打造出光滑的混凝土表面。此外，也允许滑板者们参与项目的规划过程，滑板场建成后还让滑板者进行试滑，从而使滑板公园的各项功能都得到强化。

06

① 设施挑战区
② 单线滚轴溜冰曲棍球场
③ 多功能体育场
④ 运动场和草坪
⑤ 游乐场
⑥ 步道
⑦ 街式滑板场
⑧ 碗型滑板场
⑨ 地下雨水贮留池

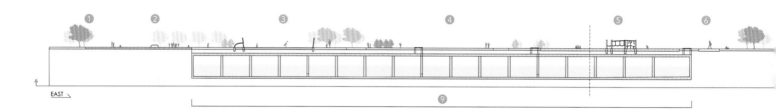

EAST

剖面图

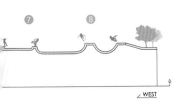

07
/ 在游乐场内体验游乐设施的一
  对父子
08
/ 在游乐场内玩耍的孩子们
09
/ 游乐场吸引了很多孩子到此嬉
  戏玩耍

儿童双世纪公园

项目地点 /
智利, 圣地亚哥
项目面积 /
4 万平方米
建成时间 /
2012
景观设计 /
ELEMENTAL 建筑事务所
摄影 /
**克里斯托瓦尔·帕尔马
(Cristóbal Palma)**
项目预算 /
400 万美元
委托方 /
**城市公园 / 幼儿园联合会 (Parque
Metropolitano / Junta Nacional de
Jardines Infantiles)**

在过去的数十年里, 智利的城市经济有着惊人的增长, 但是城市化水平却发展的极不平衡, 以圣地亚哥为例, 城市中竟无一处可供长距离散步的场所。这种空间的设计通常需要与城市的河流、浅滩、山丘等自然景观相结合。然而在圣地亚哥, 为了促进城市的发展, 许多河流早已被高速公路占用。唯一的剩余空间是一条位于圣克里斯托巴尔山城市公园底部的老式灌溉渠。这是一条 10 公里长的水平连续通道, 可以被改造成散步长廊。4 万平方米的儿童公园就坐落在圣克里斯托巴尔山的山腰, 这座公园是为了纪念智利建国 200 年而修设的, 同时也可作为将在几年内完工的散步长廊的一期工程。

在对该项目进行设计时, 设计团队希望利用山坡地形解决儿童乐园的两大难题: 保证安全, 充满童趣。陡峭的斜坡允许设计团队在确保设施安全的前提下获取足够的高度为使用者制造欢乐。在平地上搭建一个 6 米长的滑梯 (娱乐) 意味着儿童离开地面的距离有 4 米 (危险)。在该项目中, 斜坡能在儿童享受长距离滑梯体验的同时保证他们离开地面的距离不会超过 30 厘米。同样的情形在树屋上也得到了再现: 儿童可以通过斜坡水平地走上树顶, 而不必攀爬垂直的树干抵达树枝。

① 入口　　　　　⑪ 下方索道缆车
② 管理办公室　　⑫ 上方索道缆车
③ 服务区　　　　⑬ 喷泉
④ 仓库　　　　　⑭ 平台
⑤ 咖啡店　　　　⑮ 水上游戏区
⑥ 花店　　　　　⑯ 楼梯和滑梯
⑦ 凉亭　　　　　⑰ 秋千
⑧ 乡间小路　　　⑱ 游乐场
⑨ 露天剧场　　　⑲ 树屋
⑩ 服务通道

场地规划图

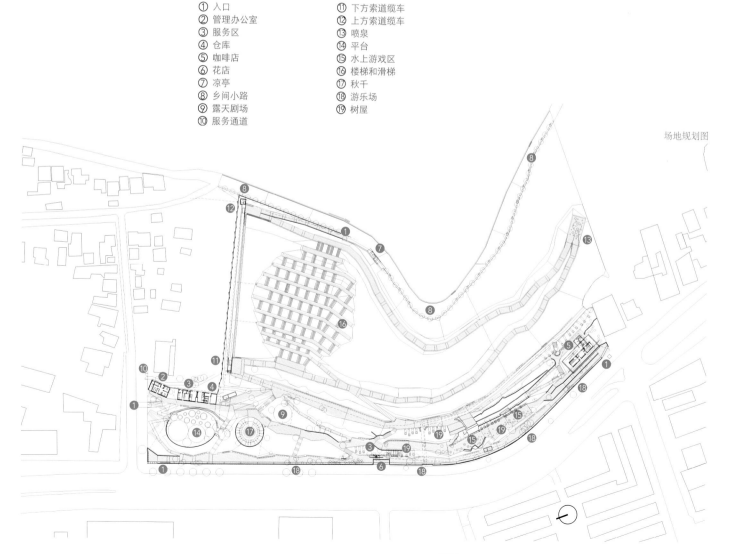

01
/ 位于圣地亚哥山坡之上的 4 万平方米儿童公园

02
/ 在儿童享受长距离滑梯的同时离开地面不会超过 30 厘米，因此非常安全

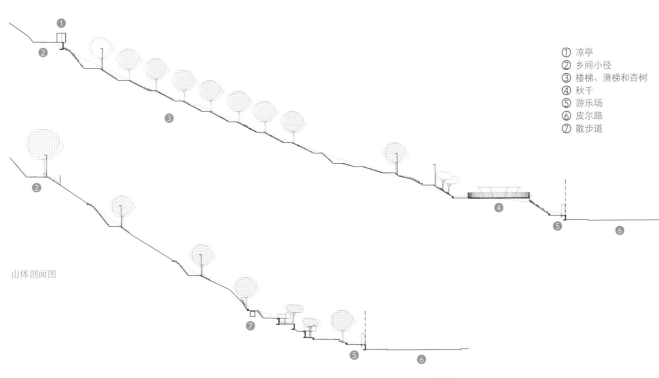

① 凉亭
② 乡间小径
③ 楼梯、滑梯和杏树
④ 秋千
⑤ 游乐场
⑥ 皮尔路
⑦ 散步道

山体剖面图

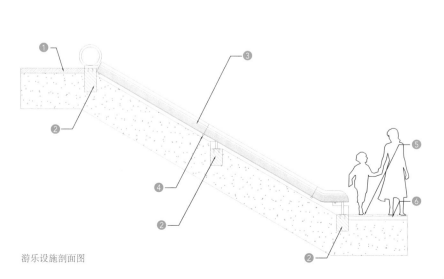

① 木包层
② 管状外形 4 毫米 x3 毫米
③ 塑料圆筒
④ 原有墙面
⑤ 原有混凝土地面
⑥ 拟铺设混凝土地面 3%
　待定
⑦ 聚氨酯材质的座椅
⑧ 管状外形 5 毫米 x5 毫米

① 化学稳定类路面
② 混凝土地基
③ 塑料滑梯
④ 塑料组合滑梯
⑤ 橡胶铺面
⑥ 混凝土

游乐设施剖面图

① 化学稳定类路面
② 全混凝土球体
③ 2/3 混凝土球体
④ 1/2 混凝土球体
⑤ 1/3 混凝土球体

游乐设施剖面图

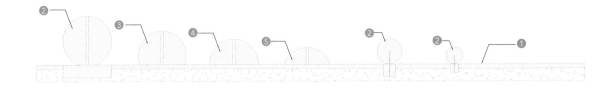

① ACMA 网
② 金属环 75 毫米 x 75 毫米 x 2 毫米
③ 塑料圆筒
④ 塑料桶
⑤ 入口
⑥ 攀爬梯

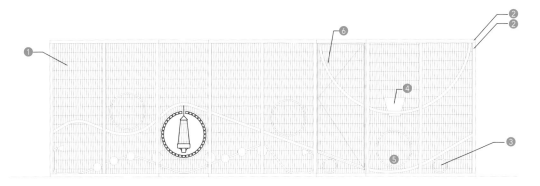

费城海军造船厂中心公园

项目地点 /
美国，宾夕法尼亚州，费城

项目面积 /
2 万平方米

建成时间 /
2015

景观设计 /
詹姆斯·科纳事务所
(James Corner Field Operations)

项目预算 /
740 万美元

摄影 /
拉尔夫·迈尔 (Ralf Maier)，
桑德拉·施泰因 (Sandra Stein)

委托方 /
自由房地产信托公司
(Liberty Property Trust)

由詹姆斯·科纳事务所设计的 2 万平方米的中心绿地位于费城海军造船厂企业中心的核心地带。这里在历史上曾经是湿地、草地和鸟类的栖息地，现在正在成为费城最具创新性和进取性区域。

项目场地内设有多种不同的设施，如健身场、露天剧场 / "阳光草坪"、吊床、地滚球球场、乒乓球桌、公用餐桌，以及用于滞留雨水的"生物池"。

设计团队将项目场地所具有的城市潜力与场地内的原生栖息地结合起来，创造了一个可持续的、绿色的、自然的，以及社会的、活跃的城市新环境类型。一条 6 米宽的社交步道将场地内各区域联系起来，开花的草甸、吊床、露天剧场、地滚球球场和健身场等设施一同构成了一座令人沉浸其中的独特内部公园。

该项目的设计实现了休闲游乐场与聚会场所两者之间的平衡。例如可供野餐和会面使用的 X 型桌是中心公园的一大亮点。设置在旁边针叶树林中的吊床可以为人们提供躺下休息的地方。人们也可以坐在草坪上，感受这里的清新气息。

黄色元素的使用给人眼前一亮的感觉，从设置在草坪上的阿第伦达克椅到乒乓球桌、可移动的酒吧桌和健身场内的器材无不用到了黄色。

① Intrepid 大街
② Rouse 大道
③ 12 号街
④ 诺曼底区
⑤ 阳光草坪
⑥ 社交步道
⑦ 快餐车停车场
⑧ 开花的草甸
⑨ 地滚球球场
⑩ 湿草甸
⑪ 吊床
⑫ 乒乓球桌
⑬ 健身场
⑭ 公用餐桌
⑮ 休闲草坪区
⑯ 钟楼
⑰ 桦树林

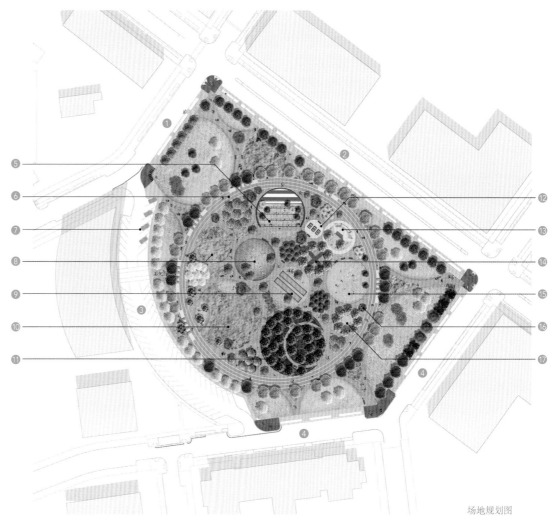

场地规划图

01
/ 公园航拍图
02
/ 露天剧场（阳光草坪）航拍图

07-08
/ 沙坑
09-10
/ 乒乓球桌

11

11
/ 健身场是人们锻炼身体的好去处
12–14
/ 人们可以在公园内休闲放松或是
   约见友人

索引

earthquake and tsunami that hit Chile, ELEMENTAL was called to work on the reconstruction of the city of Constitución, where they had to draw on all the previous experiences. The approach developed proved to be useful for other cases where city design was used to solve social and political conflicts.

P172
glaßer und dagenbach, landscape architects bdla, IFLA

Breitenbachplatz 17, 14195
Berlin, Germany
Telephone: +49 (0)30/ 6181080
Website: www.glada-berlin.de

Colleagues Silvia Glasser and Udo Dagenbach have been creating innovative parks and landscapes since founding their partnership in 1988. They are dedicated to producing the highest quality landscape and garden architecture, especially focusing on public parks and gardens. Silvia Glasser earned her Diploma in Landscape Architecture in 1985, and is also a state-approved gardener specializing in perennials.

Udo Dagenbach earned a Diploma in Landscape Architecture in 1986, and is also a state-approved landscape gardener, as well as a sculptor of stone. He studied stone sculpture at the University of Art in Berlin and worked under Professor Makoto Fujiwara, especially as the principle project sculptor for the Bundesanstaltfür Geowissenschaften in Hannover—a land art project. The small office is primarily engaged in new construction of public parks and private resort projects as well as the reconstruction of listed gardens and parks.

P198
Group GSA

Level 7, 80 William Street, East Sydney
NSW 2011, Australia
Telephone: +61 2 9361 4144
Website: www.groupgsa.com

Group GSA is an award-winning, integrated design practice offering architecture, landscape architecture, urban design, and interior design.

Established in 1979, the practice currently ranges from 190 to 200 professional staff with offices in Sydney, Melbourne, Brisbane, Gold Coast, Shanghai, Ho Chi Minh City, and Toronto, and an alliance office network both nationally and globally.

Group GSA is recognised as one of Australia's top 10 design firms, and has completed many landmark and innovative projects across its varied sectors.

The landscape studio offers particular experience in landscape architecture and urban design. Focus is on the delivery of responsive and innovative design solutions, embracing client expectations, community values, and environmental sustainability.

They manage the project process from feasibility to delivery as a highly collaborative process between all team members, from the client to the operator, to the consultant team and other stakeholders.That is their 'designing ideas to life journey'.

P226
kessler.krämer Landschaftsarchitekten

Neustadt 16
24939 Flensburg
Telephone: 046 1318 0110
Website: www.kesslerkraemer.de

P132
Kinnear Landscape Architects

3rd Floor West
1-3 Coate Street
London E2 9AG
Telephone: +44 (0) 20 7729 7781
Website: www.kland.co.uk

Kinnear Landscape Architects (KLA) was founded in 1991 by Lynn Kinnear and has become a practice recognised throughout Europe as one of a small number of UK practices pushing a new agenda in UK landscape design. The practice has a track record of innovative projects that combine a conceptual approach to the Art of Landscape Architecture with an enthusiasm for new ideas and an open approach to working with others. They continue to win awards for their work and their unique approach to collaborative working

and the positive contribution this gives to regeneration.

KLA has experience of working in the public and private sectors, both as lead consultants coordinating large groups of consultants and as consultants working with architecture-led teams. Their projects often have complex client and stakeholder groups and rely on a variety of different funding streams. This experience has allowed them to successfully guide, facilitate, and implement the curation of urban space.

P212
Lee H. Skolnick Architecture + Design Partnership

75 Broad Street Suite 2700
New York, NY 10004, USA
Telephone: 212 989 2624
Website: www.skolnick.com

Based in New York City, Lee H. Skolnick Architecture + Design Partnership (LHSA+DP) is an award-winning, multi-disciplinary design firm specializing in education, museum and corporate facilities, exhibits, interactive experiences, and graphic identity. LHSA+DP believes that the ideal architectural experience tells a story, taking a person on a journey, expressing ideas, eliciting emotions, and revealing knowledge. The firm was founded by Lee H. Skolnick, FAIA, a renowned conceptual thinker, author of *What is Exhibition Design?* and an accomplished architect dedicated to exploring the use of design as an interpretive tool that connects people and ideas. Recent projects include Sony Wonder Technology Lab in New York City, the Summit Elementary School in Casper, Wyoming, the Children's Library Discovery Center for Queens Library, and Muzeiko, Bulgaria's first children's science center.

P206
LIW planning

LIW ApS, Vesterbrogade 95 C, 3 sal, 1620 København V
// Hvide Hus Vej 3. 401 8400 Ebeltoft
Telephone: +45 28106460
Website: www.liwplanning.dk

LIW planning is an award-winning firm with a pronounced professional standard at the intersection between architecture, planning, landscape, and urban environments.

Their professional approach is characterized by a thorough reading of the site and its context combined with an undogmatic method of problem solving. They don't work from predesigned repetitive principles, but create rational interpretations of the site of each project.

They meet complex challenges with pragmatic and aesthetic solutions, which are both architecturally strong and locally embedded. They believe that the architectonic power and complexity at the large planning scale of a physical environment can translate into sensuous experiences. Physical as well as social and cultural contexts are the point of departure, whether it is in the open landscape or the urban realm.

P48
Maclennan Jaunkalns Miller Architects

19 Duncan Street, Suite 202
Toronto, Ontario M5H 3H1 Canada
Telephone: 416 593 6796
Website: www.mjmarchitects.com

MacLennan Jaunkalns Miller Architects (MJMA) is a group of passionate designers and architects who are invested in the ideals of place making that amplify the quality of life, and give value to social and cultural aspirations, whether they are centered on education, wellness and recreation, or the workplace.

MJMA has evolved from a 20-year legacy of making community buildings, to building communities—in towns and cities, on campuses, within organizations, and across playing fields.

While they have historically excelled in the sports and recreation sector, their design skills have led to work across different building typologies and at various scales. An increasingly diverse portfolio speaks to an innovation culture at MJMA that drives all designs. This spirit of innovation, cultivated with clients who are enthusiastic about creating meaningful architecture that positively contributes to the built environment, has resulted in more than 40 national awards, including the Governor General's Medal in Architecture.

Maierlandschaftsarchitektur

Telephone: +49 22 1139 5906
Website: www.maierlandschaftsarchitektur.de

Today there are many people who spend a large part of their time skateboarding and biking.

When planning, the participation of the local skate and BMX scene is very important. Participation in the development process with suggestions, ideas, discussion, etc. not only increases the interest in the new skate park, but results in the best possible acceptance by the future users.

The company encourages skaters and cyclists to participate during the planning phase in order to bring understanding and appreciation of the decisions taken. They communicate with representatives of cities and towns, and especially with the users. Thus the best results in planning and implementation of such recreational facilities can be obtained.

They create a space that attracts skaters and bikers from all over the world and gives the locals the attractive opportunity to live their chosen lifestyle.

Mark K. Morrison Associates

242 West 30th Street
New York, NY 10001, USA
Telephone: 212 629 9710
Website: www.markkmorrison.com

For more than 30 years, Mark K. Morrison Landscape Architecture (MKM) has been committed to excellence in public, campus, and private design. The firm has conceived and implemented projects on a variety of scales in the Northeast, as well as in Asia and Africa. MKM has offices in New York and Boston. The team of designers, authors, educators, and builders share a culture of service, quality, and hands-on construction administration services.

Each project requires a high level of craftsmanship and innovation, and individualized solutions that emphasize restorative practices in site development, stormwater management, and environmental sustainability. The firm has worked on a variety of complex urban sites, and staff are knowledgeable in landscape technologies that allow them to enhance living architecture from city streets to major infrastructure to rooftops.

Open communication with clients has been a key to success; they seek community and stakeholder involvement with design input, and transform site knowledge and client needs into sustainable and enduring site structure.

Mecanoo

Oude Delft 203
2611 HD Delft, The Netherlands
Telephone: +31 15 2798100
Website: www.mecanoo.nl

Mecanoo, officially founded in Delft in 1984, is made up of a highly multi-disciplinary staff of more than 160 creative professionals from 25 countries. The team includes architects, engineers, interior designers, urban planners, landscape architects, and architectural technicians.

The company is led by its original founding architect and creative director, Francine Houben, technical director Aart Fransen and financial director Peter Haasbroek, who are joined by partners Francesco Veenstra, Ellen van der Wal, Paul Ketelaars and Dick van Gameren.

The extensive collective experience, gained over three decades, results in designs that are realized with technical expertise and great attention to detail. Mecanoo's projects range from single houses to complete neighborhoods and skyscrapers, cities and polders, schools, theatres and libraries, hotels, museums, and even a chapel.

Oxigen

98–100 Halifax Street
Adelaide, South Australia 5000
Telephone: +61 8 7324 9600
Website: www.oxigen.net.au

Oxigen is an integrated design practice that feeds off the multi-disciplinary skills of its staff working within a collaborative studio environment. Skills come from formal qualifications in landscape architecture, urban design, architecture, urban and regional planning, industrial design and urban horticulture, meshed with the experience of realized projects that span strategic master plans and policy development to built form. A portfolio of completed environmental and cultural projects defines the practice and gives it a strong reputation within the field.

Oxigen's approach is always specific to the site, drawing the principles for design from the site context, climate, ecology, and usage. No two design outcomes can be the same if they are derived from a fundamental understanding of the place and its uniqueness. As a practice, Oxigen is not constrained by formulas that can work against site-specific design.

Sasaki

600 North Shaanxi Road
Building 10, Suite 402–408, Jing'an District
Shanghai, 200040, China
Telephone: +86 21 5109 0906
Website: www.sasaki.com

Collaboration is one of today's biggest buzzwords—but at Sasaki, it's at the core of what they do. They see it not just as a working style, but as one of the fundamentals of innovation. They think and work beyond boundaries to make new discoveries. They are diverse, curious, strategic, and inspired. Their practice comprises architecture, interior design, planning, urban design, landscape architecture, graphic design, and civil engineering, as well as financial planning and software development.

Among these disciplines, they collaborate equally. No one practice area is dominant over the others—and each is recognized nationally and internationally for professional excellence. On their project teams, practitioners from diverse backgrounds come together to create unique, contextual, enduring solutions. Their integrated approach yields rich ideas, surprising insights, unique partnerships, and a broad range of resources for their clients. This approach enables them to work seamlessly and successfully from planning to implementation.

While their disciplines offer depth of expertise, their studio structure engenders breadth, innovation, and interdisciplinary collaboration. The Campus Studio focuses on institutional work and the Urban Studio focuses on civic and commercial work. From their headquarters in Watertown, Massachusetts, They work in a variety of settings—locally, nationally, and globally. Their Shanghai office offers focused support and business development for their work in China. Their offices are vibrant and dynamic, featuring open workspaces that reflect their dedication to collaboration and facilitate a synergistic process.

Scape Landschaftsarchitekten GmbH

Friedrichstrasse 115a, 40217
Duesseldorf, Germany
Telephone: +49 211 3020 37 0
Website: www.scape-net.de

Spectrum Skateparks Inc.

PO Box 37016 RPO Lonsdale
N. Vancouver, BC V7N 4M4 Canada
Telephone: 6049865683
Website: ww.spectrum-sk8.com

Fifteen years of Spectrum has produced more than 321 acres (130 hectares) of skate parks in North America, Europe and Asia, cementing them as one of the world leaders in creating insane terrain. More than 160 built projects demonstrate the firms ability to deliver world-class, eye-catching, ripping skate parks at the best value.

An elite team of skate park designers, engineers, landscape architects, fantastic human beings, rabid skaters, artists, and master builders are inspired by the knowledge that skate parks improve communities, extending a hand to a segment of youth that can be hard to reach and underserved, providing them with their place in the community to get rad.

The firm accepts only a select number of projects each year so that they can deliver the highest level of service and responsiveness to all of their valued clients, ensuring that the process is professional, efficient, fun, and rewarding for all parties. Their passion and dedication is inspiring, and all clients receive the highest level of service, regardless of whether the project is large or small.

Streiff Architekten GmbH

Streiff Architekten
Pfingstweidstrasse 6
8005 Zurich, Switzerland
Telephone: 044 271 6470
Website: www.streiff-architekten.ch

The office for design, architecture, and landscape design was founded in 1989 by Vital Streiff, a graduate from the Swiss Federal Institute of Technology in Zurich (ETHZ). The main topics of the architectural work are unusual, including challenging tasks such as a firefighter training camp or a freestyle park. Those assignments require a deep understanding from a team of experts.

Studio AKKA

Igriška 3
1000 Ljubljana, Slovenia
Telephone: +386 (0) 599 61012
Website: akka.si

The AKKA team has been driven by the quest for quality, which, they believe, is achieved by socially and environmentally responsible development. Over the past six years, their work has focused on landscape and urban design, mostly for public clients. In these fields, they have been pursuing design solutions without pre-conceived ideas, with a conviction that problems always differ according to space, program and expectations. Each design creates a new story, a result of its contextual grounding. Sensitive response to this variety of tasks can help broaden the imagination and increase the well-being of people. Recently AKKA extended its designs to private gardens, aspiring to respond to very personal tastes and desires. Their projects now range from town planning to parks and gardens, from playgrounds to town squares and historic renovations, regardless of scale and type of interventions.

Subarquitectura

Av Estacion 87 A 03005 Alicante
Mediterranean west coast
Telephone: +34 965 135 914
Website: www.subarquitectura.com

Subarquitectura is made up of Andrés Silanes, Fernando Valderrama and Carlos Bañón.

They are architects from the University of Alicante and have Masters of Complex Architectures from the University of Alicante.

They have built the tram stop and plaza on the traffic roundabout of Sergio Cardell (2006), which was awarded at the IX Spanish Bienal of Architecture. They have been nominated for the Mies Van Der Rohe Awards (2009), and finalists at the Valencian Community Awards (2008), won second prize at Lamp Lighting Solutions (2008), received an honorable mention at the Balthasar Neumann Prize in Germany, and selected for the 10 Best Designs in the World by the London Design Museum (2008).

Also they have constructed various sports facilities, including the Sports Pavilion in Pedreguer, the Hercules C.F. remodelling and the 3D Athletics Track in Alicante (2010), which has been recently awarded the Silver Medal and the Accessibility Distinction by the International Olympic and Paralympic Committees. In 2010, Subarquitectura was nominated by Yosihiaru Tsukamoto (from Atelier Bow-Wow) for the Iakov Chernikhov International Prize.

Sweco Architects

Sweco AB (publ)
Box 34044
S-100 26 Stockholm, Sweden
Telephone: +46 8 695 60 00
Website: www.swecogroup.com

Sweco is a client-driven organization with offices at more than 100 locations. The group's decentralized and result-oriented business model means that all energy can be focused on the business and work of the client projects. Operations are conducted in seven business areas: Sweco Sweden, Sweco Norway, Sweco Finland and Estonia, Sweco Denmark, Sweco Netherlands, Sweco Central Europe and Sweco Western Europe. Sweco also has subsidiaries in Lithuania, the Czech Republic, Bulgaria, Poland, Germany, the Netherlands, Belgium, UK and Turkey.

TOPOTEK 1

Gesellschaft von LandschaftsarchitectenmbH
Sophienstrasse 18, Berlin, Germany
Telephone: +49 (0)3 0246 2580
Website: www.topotek1.de

TOPOTEK 1 was founded in Berlin in 1996 by Martin Rein-Cano. It works around the field of landscape architecture and understands itself as a traveler within the fringe areas of typologies and scales, jaunting into architecture, urban design, music, and art. The hybridization of topics and disciplines, the removal, transmission and re-contexualization of various design features and objects, and the staging and design of scenographic sequences are just some of their key strategies.

The alertness and receptiveness to the general contemporary discussion is maintained through this working method. The global movement of society and culture continually redefines the broad spectrum of possibilities in relation to the constitution of public space.

TOPOTEK 1 develops concepts through a critical understatement of the given realities and a deep historical knowledge. This provides solutions and designs that fulfill the modern requirements of variability, communication and sensuousness.

Zukclub

Telephone: +79032578871
Website: www.zukclub.com
Email: zukclub@mail.ru

Zukclub is a respected group of street artists from Moscow, established in 2002. Today, Zukclub is one of the best of the Russian crews who started their career with graffiti.

Zukclub has created a lot of personal works, collaborated with many different brands, and taken active part in graffiti and street art festivals and shows both in Russia and abroad.

Zukclub's art has gone through several stages: first they mainly worked with characters and recently have moved to muralism.

Zukclub art is defined by bright, vibrant colors, and dynamic and rather chaotic compositions. The style is universal and can be successfully applied to large-scale murals, canvases, and commercial projects.

图书在版编目（CIP）数据

运动公园／（加）巴纳姆编；潘潇潇译. —桂林：广西师范大学出版社，2016.5

ISBN 978 - 7 - 5495 - 8107 - 8

Ⅰ. ①运… Ⅱ. ①巴… ②潘… Ⅲ. ①运动－公园－园林设计 Ⅳ. ①TU986.2

中国版本图书馆 CIP 数据核字（2016）第 101308 号

出 品 人：刘广汉

责任编辑：肖　莉　李　丽

版式设计：张　晴

广西师范大学出版社出版发行

（广西桂林市中华路22号　　　邮政编码：541001
网址：http://www.bbtpress.com ）

出版人：张艺兵

全国新华书店经销

销售热线：021 - 31260822 - 882/883

恒美印务（广州）有限公司印刷

（广州市南沙区环市大道南路334号　邮政编码：511458）

开本：635mm×965mm　　1/8

印张：32　　　　　字数：68 千字

2016 年 5 月第 1 版　　2016 年 5 月第 1 次印刷

定价：268.00 元